◉ 情報工学レクチャーテキスト ◉

QKC-10

レクチャー ヒューマンコンピュータ インタラクション

志堂寺和則

数理工学社

編者のことば

人工知能，データサイエンスなど膨大なデータを基にした研究や技術開発が加速しています．それを支えるのは，データをどのように収集，処理，提示するかという情報工学の諸技術です．データの処理に関する技術はここ半世紀で飛躍的に進歩してきました．コンピュータがデータを記憶する容量は 100 万倍以上に，計算する速度も 100 万倍以上になりました．このような飛躍的な進歩は他の技術分野には見ることができません．半世紀前の大型コンピュータの性能は，今や手のひらサイズのスマートフォンよりも劣っているような状況です．

世の中の森羅万象は，様々なセンサーを通してデータになり，そして情報になります．また，情報が世の中にフィードバックされることにより，世の中が動いていきます．情報処理技術によって，世の中の状況を観測し，分析し，フィードバックすることによって世の中が動いていくという循環が，至る所で起こっています．現在，最新の情報処理技術は，介護，農業，金融，教育などにも応用され，社会のあらゆる所で活用されています．今後，社会の持続的な発展をはかるには情報処理技術のさらなる発展が不可欠です．そのためには情報処理技術の基礎である情報工学を学ぶことは不可欠であります．

このライブラリは情報工学の基礎を学ぶためのテキストとして編集されました．情報工学を学ぼうとする幅広い読者にわかりやすく説明する丁寧なテキストを目指し，標準的な大学生が独力で理解出来るように工夫されています．経験豊かな著者によって，情報工学の根幹となる「情報理論」，「アルゴリズム」，「コンピュータアーキテクチャ」，「情報ネットワーク」，「パターン認識」，「HCI」等がライブラリとして著されています．また，大学初年時に理系／文系を問わず情報工学の基礎を学ぶためのテキストを意識した「情報工学概論」という 1 冊も加えました．それ以外のテキストも情報工学を専門として学ばない学生にとっても，情報工学を自ら学ぶための参考書として活用できるものを目指しました．

まずは，このライブラリによってしっかりと基礎固めを行い，そこからより高度な情報関連分野の学びに繋げてほしいと思います．そして新しい社会を創造する礎を創ってくれることを期待しています．

2020 年 2 月　　谷口 倫一郎，福田 晃

はじめに

コンピュータがわれわれの生活に欠くことができないものとなっていることは言うまでもない．特に，コンピュータの新しい形態とも言えるスマートフォンが普及してからは，情報機器は，新しい生活スタイル，新しいコミュニケーション文化を次々と生み出すようになった．その背景要因のひとつには，使ってみたくなるようなヒューマンコンピュータインタラクションを生み出すヒューマンインタフェースがある．

本書は，ヒューマンコンピュータインタラクションについての大学教科書として執筆した．ヒューマンコンピュータインタラクションとは，元々は人間がコンピュータを使うときに生じる，コンピュータとそれを操作する人間との間の表示と操作に関連する事項を扱うものであった．しかし，本書でその一部を紹介しているように，現在ではその研究領域は大きく広がっている．

本書執筆にあたって想定した読者は情報工学の学生であるが，この領域について興味を持っている勉学意欲の旺盛な他の専攻の学生も読みこなせるように，できるだけわかりやすく，かつコンパクトに執筆したつもりである．気軽に読んでみてほしい．

第1章では，ヒューマンコンピュータインタラクションについての簡単な導入説明の後，ユーザインタフェースの移り変わり，そして，情報機器を快適に使えるようにするために配慮すべきとされる3つの概念について紹介した．第2章では，アプリケーションソフトウェアやウェブサイトを作る上で知っておいていただきたい，人間の特性について説明した．第3章と第4章では，情報機器への入力インタフェースと出力インタフェースについて説明している．第5章と第6章は，今，インタラクティブシステムの設計開発において重視されている，人間中心設計という考え方とその代表的な手法について解説した．第7章では，最近よく耳にする話題性の高い研究領域のいくつかを取り上げている．他にも取り上げたい研究領域があったが，全体の分量とバランスの関係から厳選した．

なお，本書はヒューマンコンピュータインタラクションについて解説したものであるため，インタラクションを生み出す技術については，必要最小限の説明しかおこなっていない．本書で書ききれていない多くの部分については，本ライブラリの他の巻を読むか，インターネットで調べるかして，勉強していただきたい．今は，インターネットによってかなりの情報が無料で入手できる状況となっている．向学心の高い学生にとっては，これほど恵まれた時代はかつてなかったと言える．ぜひ，頭が柔軟な学生のうちに貪欲に知識を増やし，将来に役立ててほしい．個人的には，大事なのは，基礎力であり，多方面に興味を持つ姿勢であると，信じている．本書がそのきっかけのひとつになってくれれば，著者としては非常な喜びである．

筆者は前年に『ヒューマンインタフェース』をコロナ社から上梓させていただいた．本書と同じように，大学教科書として執筆したが，『ヒューマンインタフェース』のほうは情報機器だけでなく他の機械や器具も想定した内容となっている．重複している部分も多いが，本書では取り上げなかった事項，詳しく説明している項目もあるため，『ヒューマンインタフェース』にも目を通していただければ幸いである．

本書執筆には多くの方々のご支援をいただいた．執筆の機会を与えてくださった，本ライブラリの編者である谷口倫一郎先生と福田晃先生に，厚く御礼申し上げます．編集にあたり大変お世話になった株式会社数理工学社の田島伸彦氏，足立豊氏に深く感謝します．そして，個人的な話で恐縮であるが，私を育ててくれた両親，妻，小百合と2人の娘，美綺，香織に，感謝したい．ありがとう．

2020年12月

志堂寺 和則

目　次

第1章

第2章

第3章

入力インタフェース　41

第4章

出力インタフェース　61

第5章

インタラクションの設計　81

第6章

インタラクションの評価　97

第7章

進化するHCI　117

文　　献　139

索　　引　147

第1章

人間とコンピュータ

本章の前半では，ヒューマンコンピュータインタラクションとは何かについて，まず概略を学習する．コンピュータが登場してから，2020 年現在まで 70～80 年ほど経過しているが，その間にヒューマンコンピュータインタラクションに関する大きな変化がいくつもあった．今，その歴史を振り返ると，変化をもたらした人たちの発想の斬新さ，先見の明，そして実現に向けてのたゆみない努力に改めて驚かされる．後半では，アプリケーション開発やウェブサイト構築において重視されている，ユーザビリティ，アクセシビリティ，ユーザエクスペリエンスについて学ぶ．

1.1　ヒューマンコンピュータインタラクション

インタラクション

インタラクションとは，2つ以上の存在の間で生じる相互作用をいう．人間が機械を使うという場面は，人間が目的を達成するために，人間と機械との間でインタラクションを何度も繰り返していると考えることができる．

人間と機械との関係が単純であれば面倒なことはない．機械に電源ボタン1つしかなく機械が自動ですべてやってくれれば，人間ができることはそのボタンを押すことだけであり，使い方はいたってシンプルである．しかし，通常の機械は多くの機能を備えており，たくさんのボタンやスイッチがついている．このため，人間はボタンやレバー，パネル等を操作して，機能を選択したり調整をしたりといったことをしなければならない．こういった場面において，インタラクションの問題が発生する．

認知工学，認知科学等さまざまな分野で活躍するドナルド ノーマン（Donald Norman）は，人間と機械の間に存在する隔たりを淵《ふち》（ガルフ）と呼んだ(図**1.1**）[1], [2]．淵を乗り越えるためには両者をつなぐ架け橋が必要であるが，それが機械の入力部や表示部である**インタフェース**（interface）である．人間から機械へ，こうしたいという意思を伝える架け橋を実行の橋，機械から人間へ，外界の状況を伝える架け橋を評価の橋という．両方の橋をうまくかけてあげることがインタラクションの問題の解決につながる．図**1.1**の，目標，意図の形成，行為の詳細化，行為の実行，状態の知覚，知覚の解釈，目標と現状の違いに関する評価の流れは**行為の7段階モデル**（the seven stages of action model）と呼ばれている．

インタラクションにおいて生じる問題にはさまざまなものがあるが，典型的な問題としては，機械を前にして人間が何をしていいのかわからないという状態に陥るようなことがある．マニュアルを読めば解決するかもしれないが，マニュアルが見つからないこともあるし，読んでもよくわからないことも多い．このような状態を避けるためには，機械は人間にわかりやすく情報や手順を提示する必要がある．このわかりやすくというのが本当に難しい．

別の問題としては，人間は間違えるということがある．どんなに注意をしても人間の間違いはなくならない．うっかりして間違った操作をするような単純なミスもあれば，間違った理解をして間違った操作を正しいと思い込んでしまっているようなこともある．このため，人間の間違いを想定した機械の設計が必要となる．

さらに，人間は，楽をしたい，楽しい体験をしたい，かっこよく使いこなせるようになりたいというようなさまざまな欲求を持つということもある．このため，インタラクションの問題の一部は心理的な問題と捉えて解決法を探る必要がある．

HCI

ヒューマンコンピュータインタラクション（human computer interaction：**HCI**）は，人々の体験や生活を豊かなものとするために，人間とコンピュータとの関わり方に関連する事項を扱う研究分野である．HCI の C は，言葉通りであればコンピュータということになるが，実質的にはスマートフォンやタブレットといった情報機器端末を含み，さらにはパネル表示装置を備えるようなコンピュータ内蔵機器やコンピュータとつながっている機器も対象となる．タッチ操作を採用したスマートフォンがたちまちのうちに流行し，われわれの生活スタイルを一変させたように，HCI の形態は機器の売れ行きを左右し，流行を生み出す力を持っている．

われわれがコンピュータを操作するとき，画面を見て状態を知り，キーボードやマウス，タッチパッド等を使って入力をする，ということを何度も繰り返している（図 1.2）．これが HCI の基本形態である．

図 1.2 はひとりの人間がコンピュータを利用していることを示しているが，**ソーシャルネットワーキングサービス**（social networking service：**SNS**）のように，現代の社会では，コンピュータの向こう側には，別のコンピュータを利用する人間がいるという状況もごく一般的になっている（図 1.3）．この場合，コンピュータは電話のような単なる通信手段のようにも見えるが，実はそうではない．SNS の利用者は，利用目的に合わせて複数の SNS を使い分けていることが多い．利用の目的に適したインタラクションがあり，各 SNS はそれに最適化するよう作り込まれているためである．

HCI が現在の形態となるまでには，多くの変遷，進歩の歴史があった．この歴史は，コンピュータならびに関連技術の発展に伴って HCI が変化してきたという歴史ではない．コンピュータをどのように利用したいのか（あるいは利用すべきか）という HCI 視点からの研究，そしてコンピュータをもっと便利に使いたいという利用者の要求が相まって，コンピュータならびにHCIを現在のように発展させてきたという歴史である．つまり，コンピュータの発展とHCIの変遷とは切り離せない，お互いに影響を及ぼし合う相互依存的な関係にある．

HCIと近い意味の言葉に，**ユーザインタフェース**（user interface：**UI**）がある．ユーザは使う人，インタフェースは接面を意味する言葉であり，UIは，コンピュータを使うときにユーザが情報を入力したり，情報を受け取ったりするための仕組みのことをいう．操作体系そのものを指す場合（例：後述するCUIやGUI）から，表示部品（例：ウィンドウやボタン）や操作（例：クリックやドラッグ）まで，大小さまざまなレベルでUIという言葉が使われている．ウェブサイト開発の現場では，さらに広く，コンテンツ（内容）も含めて，見たり触ったりするものをすべてUIと呼んでいることもある．

HCIというと，多くの人は，キーボードとマウス等の操作，ディスプレイの表示をイメージする．これらは視覚と手を使うインタフェースであり，実際，今までHCIの標準形態であった．しかし，日常生活においてこの形態が常に最適であるとは限らない．例えば，ちょっと検索をしたいときに両手がふさがっているようなこともあるであろうし，歩いて移動しているときに急ぎで情報を得たいということもあるであろう．音声対話システムは，そういった場面においても利用可能なHCIである（図1.4）．2020年現在では，利用しているのはまだイノベータ理論[3]がいうところのアーリーアダプタ（図1.5）と呼ばれる新しい技術を試してみることが好きな人々に限定されている状況ではある．しかし，人工知能が発展することで音声対話はより自然なものになっていくであろうことから，普及が大いに期待されている．

また，2020年時点のHCI場面では，人間がコンピュータに入力したいと考えた情報がコンピュータに入力され，コンピュータからは画一的な応答が返されるだけである．しかし，人間同士のコミュニケーションでは，表情や身振りなどのノンバーバルコミュニケーションが言葉で表現されない情報を伝える重要な役目を担っている．人間のコミュニケーションのように，HCIにおいても非言語的な情報を活用していくことができれば，人間とコンピュータとの間に新しいコミュニケーション世界を展開することができる．

HCIがわれわれの未来を変えると表現すると少し言いすぎのように思えるかもしれないが，そう言ってもよい側面をHCIは備えている．

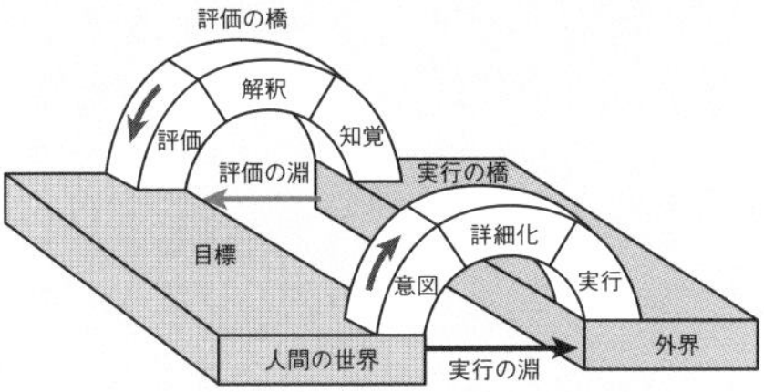

図1.1　行為の 7 段階モデル

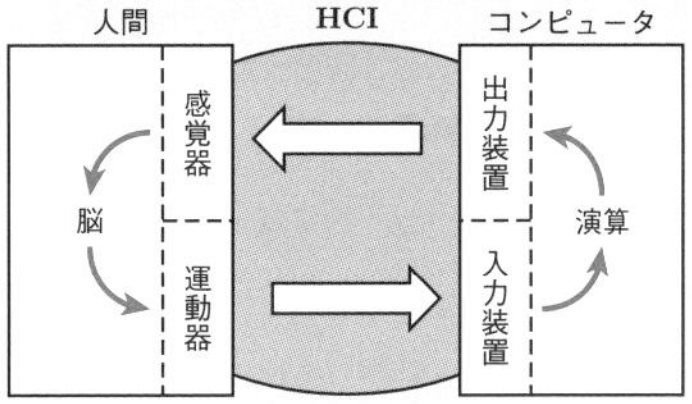

図1.2　人間とコンピュータ

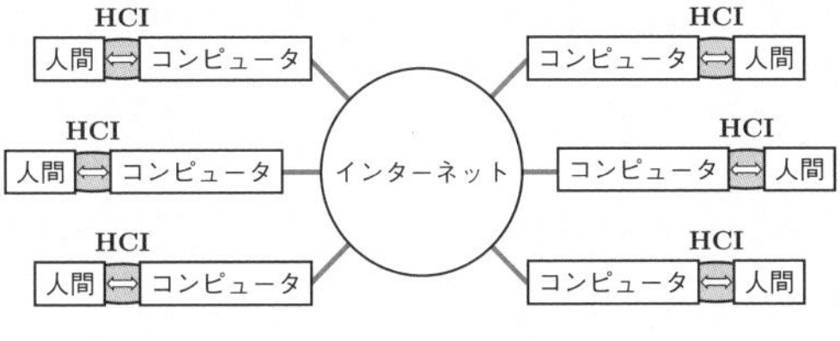

図1.3　インターネット社会の人間とコンピュータ

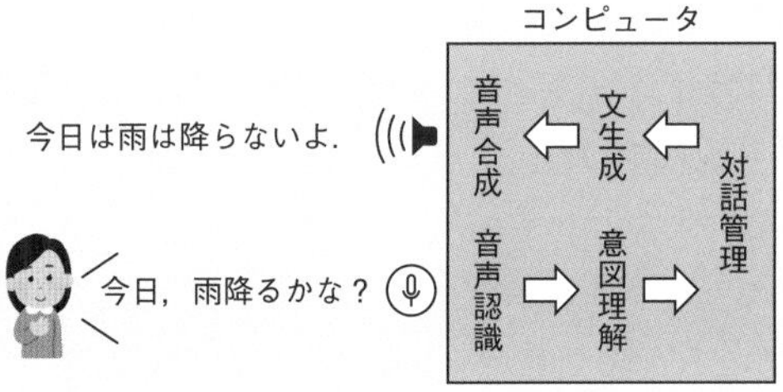

図1.4　音声対話システム

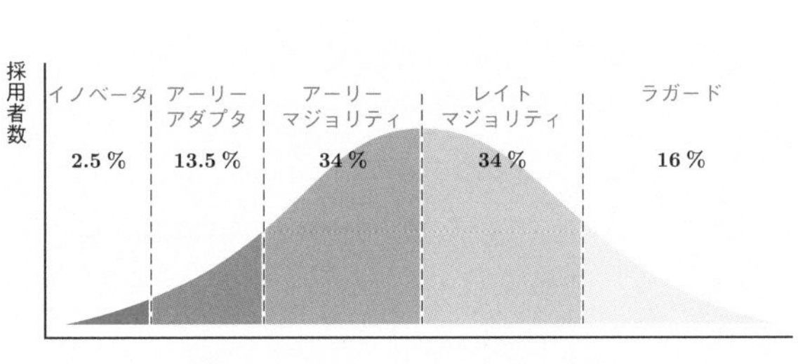

図1.5　イノベータ理論

1.2 UIの変遷

キャラクタユーザインターフェース

商用コンピュータが登場した1950～60年代，コンピュータはメインフレームあるいは大型汎用計算機などと呼ばれていた．当時，利用者はプログラムやデータを記録したパンチカードを束（バッチ）にしてオペレータに渡すかカードリーダから読み込ませて，コンピュータに一括処理をしてもらい，その結果をラインプリンタで印字された紙媒体で受け取っていた．この一括処理方式を**バッチ処理**（batch processing）という．バッチ処理には時間がかかり，数時間，場合によっては数日かかるようなこともあった．

1960年代後半になると，**タイムシェアリングシステム**（time sharing system：**TSS**）による逐次対話方式が用いられるようになった．コンピュータに多数の端末がつながれていて，コンピュータは処理時間を短い時間に区切り，各端末から要求された処理を少しずつ順に実行していった．

この時代，利用者は端末のキーボードからコマンド（命令）やデータをコンピュータに入力し，コンピュータは処理が終わると画面に結果を文字や数字で表示した（あるいはラインプリンタで印刷した）．そして，利用者は結果を見て，次のコマンドを打ち込んでいた．このような，コンピュータ出力として画面に文字や数字が表示され，入力としてキーボードからコマンドをタイプするようなインタフェースは，**キャラクタユーザインタフェース**（character user interface：**CUI**）と呼ばれている（図1.6）．CUIでは，コンピュータの入力待ち状態では画面にプロンプトが表示され，利用者はその後に続けてコマンドを入力する．

1970年代後半になると**パーソナルコンピュータ**（personal computer：**PC**）が登場した．ワードプロセッサや表計算などのアプリケーションも利用できるようになり，PCはコンピュータマニアや専門家以外の人たちも徐々に使うようになっていった．PCの**オペレーティングシステム**（operating system：**OS**）としては，最初はCP/Mがよく用いられていたが，1980年代にはMS-DOS（PC-DOS）が使われるようになった．これらはCUIのOSであった．表1.1はMS-DOSのコマンドの例である．

グラフィカルユーザインタフェース

1970年代にはグラフィカルユーザインタフェース（graphical user interface：**GUI**）（図1.7）と呼ばれることになるUI方式も開発されていった．ゼロックス社のパロアルト研究所（PARC）で作られた**Alto**は，図形表示が可能なビットマップディスプレイとマウスを備え，現在のGUIにつながるアイデアを多数実現させた先進的なコンピュータであった．Altoは市販されなかったが，その後，アップルコンピュータ社のMacintosh/Mac，マイクロソフト社のWindowsがGUIを世間に広めることとなった．

GUIの特徴は，**WIMP**と呼ばれるWindow-Icon-Menu-Pointerによるウィジェット（UI部品）の操作にある．GUIでは，われわれが本やノートを開くように文書ファイルを開いて読んだり新たに作成したりすることができ，われわれが机にものを置くようにアイコンをデスクトップ上に置くことができる．つまり，われわれが日頃やっていることと類似した環境をPCの画面上に再現していた．操作は，マウスでアイコンをクリックする等によるもので，**直接操作**（direct manipulation）と呼ばれる方式である．そして，アプリケーションでは，**WYSIWYG**（What you see is what you get），つまり画面に見えるとおりの文書が作成できるような文書作成アプリケーション，表計算ソフトなども開発された．

GUIで採用された，日常生活において使っているものをまねるという方略はメタファと呼ばれている．メタファを用いることで，新しい慣れていない技術であっても日常生活の経験を生かすことで，使用することができるようになる．GUIはこのメタファの採用により，一般の人々にコンピュータを利用することは面白そうだと感じさせることに成功した．

自然言語によるUI

2010年代に入ると，自然言語でコンピュータとやり取りする**チャットボット**（chatbot，chatterbot）と呼ばれるアプリケーションが急に注目されるようになってきた．チャットボットは，会話（チャット）とロボットをかけ合わせた造語であり，自動対話システムをいう．

チャットボットは人間と簡単な対話をすることができるが，実は言葉が理解できなくても対話は可能である．人工無脳と呼ばれるシステムがそれである．

1960 年代半ば，ジョセフ ワイゼンバウム（Joseph Weizenbaum）は，**イライザ**（ELIZA）と呼ばれるチャットボットを作成した[4], [5]．イライザは人々の問いかけに対して，パターンマッチングにより，それらしい回答，無難な回答を返すだけの単純なプログラムである．ワイゼンバウムがイライザを精神科医の役に設定して人々と対話させたところ，本当の精神科医やカウンセラーと対話しているように感じる人が多数出てきたという．このような，人がシステムの振る舞いに対して知能を持っている人間の振る舞いのように感じることはイライザ効果と呼ばれている．図 1.8 は emacs に実装されたイライザとの対話例を和訳したものである．

現在使われているチャットボットの多くは，イライザと同じく，会話の内容を理解しているのではなく，人間の発した単語やフレーズを元に，事前に決められたパターンに従って返事をするものである．このタイプのチャットボットでもかなりの応答能力があり，定型的な業務では十分に利用可能となっている．

イライザは CUI のシステムであったが，2010 年頃よりインタラクションに音声を使う**音声 UI**（voice user interface：**VUI**）を持つシステムが使われるようにもなってきている．人々はコンピュータ，携帯端末，スマートスピーカーに話しかけ，人間の音声による指示に応じて機械（コンピュータ）が動作する．あるいは，音声で答えてくれる．

音声 UI にはまだ問題も多いが，2010 年以前に比べると，人と話をするときと同じ感じの自然な発話でもある程度通じるようになってきた．図 1.9 は言語学者であるポール グライス（Paul Grice）による，人間の日常会話において，会話をスムーズに運ぶために使われているとされる公理である[6]．われわれは普段の会話において，言葉に含みを持たせたり，皮肉を言ったりなどで，この公理を意図的に破るようなこともある．しかし，基本的なところではわれわれはこの公理に従って会話をしているとすると，チャットボットや音声 UI などの対話システムが自然な対話をするためには，システムも同じように公理に従って対話することが求められる．

自然言語による対話の形式，特に音声を使った対話は人間にとって自然な行為であるため，われわれにとって非常に受け入れやすい HCI である．音声対話による HCI が今後どのような場面でどの程度利用されるようになるのかは未知数であるが，今後，よりよい使い方が模索され，定着していくであろう．

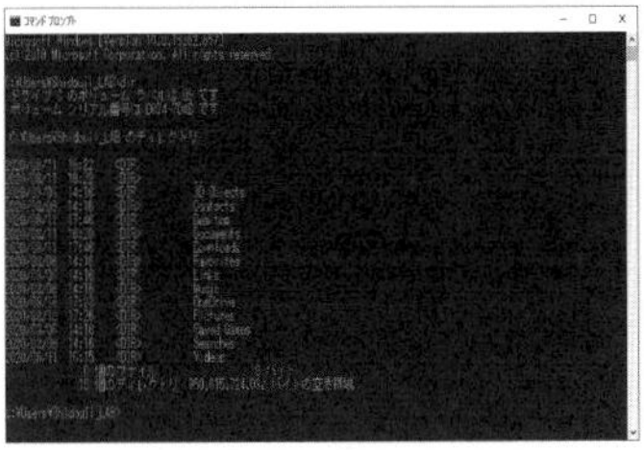

図1.6　**CUI画面**

図1.7　**GUI画面**

表1.1　**MS-DOS**のコマンド

コマンドの意味	コマンド
ファイルのコピー（copy）	`copy` コピー元ファイル名 コピー先ファイル名
ファイル名の変更（rename）	`ren` 旧ファイル名 新ファイル名
ファイル削除（delete）	`del` ファイル名
ファイル一覧表示（directory）	`dir`
ディレクトリ（フォルダ）の作成（make directory）	`md` ディレクトリ名
ディレクトリ（フォルダ）の変更（change directory）	`cd` ディレクトリ名

私	こんにちは.
イライザ	こんにちは. どうしましたか.
私	最近, 気分が落ち込むんです.
イライザ	どのくらいの頻度で落ち込む感じですか.
私	週に2, 3回くらいです.
イライザ	原因はなんだと思っていますか.
私	勉強のしすぎだと思います.
イライザ	本当に勉強のしすぎだと思いますか.

図1.8　イライザとの対話例

量の公理：話者は必要十分な情報を提供する.

質の公理：話者は自分が真実と信じている情報を提供する.

関連性の公理：話者は話題に関係のない情報を提供しない.

様態の公理：話者は情報を明瞭かつ簡潔に順序立てて提供する.

図1.9　グライスの会話の公理（会話の協同原則）

1.3　ユーザビリティ

20世紀も半ばを過ぎる頃から，工業製品は他製品と差別化をするために，多機能化が急速に進んでいった．多機能製品ほど，インタフェースの設計に工夫をしないと，どう使っていいのかがわからなくなる危険性がある．ノーマンの『誰のためのデザイン？』はそういった使い勝手の悪い製品の問題を取り上げた名著である[2]．

コンピュータの世界においても同じ頃に同様の事態が発生していた．1980年代はPCが普及し始めた時期である．当時，もっとも使われていたOSはマイクロソフト社のMS-DOSであったが，CUIのOSであったために誰もが簡単に使えるというものではなかった．この年代にはアップルコンピュータ社がGUIのPCを発売していたが，市場における占有率（マーケットシェア）は低かった．1990年代に入り，マイクロソフト社がGUIのOSであるWindowsを発売し，さらに家庭でインターネット接続が可能になると，PCは急速に一般家庭にも普及した．

コンピュータに代表される，さまざまな機能を持つインタラクティブなシステムのインタフェースでは，ユーザビリティの問題が容易に発生する．このため，いくつものガイドラインや設計原則が公表されている．1980年代半ばに公表されたものとしては，スミスとモイザーのガイドライン，ベン シュナイダーマン（Ben Shneiderman）の**インタフェース設計の8つの黄金律**（the eight golden rules of interface design）（図1.10）などがある[7], [8]．

1980年代頃の人々のユーザビリティに関する認識は，機械やシステムの使いにくさを改善するというものであった．それが，1990年代後半頃からは，ユーザビリティの概念が拡大し，より効率的に，より満足度を高めるような活動も含むように変化していった．

機械やシステムの利用者を**ユーザ**（user）というが，ユーザは直接利用者と間接利用者に，そして直接利用者は一次利用者と二次利用者に分けられる[9]．直接利用者は実際に機械やシステムに触る者である．そして，一次利用者は機械やシステムを本来の目的で使用する者，二次利用者はそれを支援する者（例えば，メンテナンス業者）である．間接利用者は機械やシステムに直接は触れずに，一次利用者から成果物を受け取る者である．

人間工学に関した規格（JIS Z 8530）では，**ユーザビリティ**（usability）は，「あるシステム，製品又はサービスが，指定されたユーザーによって，指定された利用状況下で，指定された目標を達成するために用いられる場合の有効さ，効率及びユーザーの満足度の度合い」と定義されている[10]．ユーザ，利用状況，目標それぞれに「指定された」という言葉がついているように，「誰が」「どのような状況で」「何のために」利用するのか，その違いによってユーザビリティは大きく変わってくる．同じ機器やソフトウェアであっても，高齢者が使うのか，子どもが使うのか，初心者が使うのか，熟練者が使うのかといったユーザ次第で，望ましいデザインは変わってくる．状況や目的も同様である．

ソフトウェア工学の規格（JIS X 25010）では，ユーザビリティを製品品質のひとつと位置づけている（図1.11）[9]．そして，ユーザビリティを構成する品質副特性として，適切度認識性，習得性，運用操作性，ユーザエラー防止性，ユーザインタフェース快美性，アクセシビリティを挙げている．また，この規格では，システムのインタラクティブ性に影響する品質として，**利用時の品質**を規定している（図1.12）．

- 一貫性を保つ
- よく利用するユーザのためにショートカットを用意する
- 有益なフィードバックを提供する
- 作業の完了がわかるダイアログにする
- エラーを防止する
- やり直しが簡単にできるようにする
- ユーザが自分で制御できるようにする
- 短期記憶の負荷を減らす

図1.10　インタフェース設計の 8 つの黄金律

- 機能適合性
- 作業効率性
- 互換性
- ユーザビリティ
- 信頼性
- セキュリティ
- 保守性
- 移植性

図1.11　製品品質

- 有効性
- 効率性
- 満足性
- リスク回避性
- 利用状況網羅性

図1.12　利用時の品質

1.4 アクセシビリティ

われわれの社会は多様な人たちから成り立っている．この多様性を考えると，機械やシステムのユーザは健常な成人と決めつけてモノづくりをすることは適切ではない．人々の多様性に対応することをアクセシビリティへの配慮という．**アクセシビリティ**（accessibility）とは，「特定の使用状況において，特定の目標を達成するために，特性及び能力の異なる，より多くの人々が，製品，システム，サービス，環境及び施設を使用できる程度」（JIS Z 8071）のことである[11]．

以前であれば，アクセシビリティの対象者は障害者や高齢者という認識が一般的であった．しかし，2000年代に入り，障害者や高齢者に加えて，病気や怪我などで一時的に機能が低下している人，言葉の理解が難しい外国人（在留者，観光客）など，かなり広範囲な人々，多くの人々を想定するようになってきている．アクセシビリティに配慮することは，こういった特定の人々だけにメリットをもたらすものではない．アクセシビリティに配慮すると，他の作業をしながらの使用，不利な状況下（騒がしい，直射日光が強い等）での使用など，人々が機械を使用することができる状況を広げることができる．

情報機器が使用できることを**情報アクセシビリティ**（information accessibility）という．情報機器を利用することができないことは，デジタルデバイド（情報格差）や情報弱者を生む．このため，コンピュータや携帯情報端末には，障害を抱えるユーザを補助するためのアクセシビリティ機能がついている．一般的には視覚障害，聴覚障害，運動障害，発達障害，高齢者などがその対象となっている．

ホームページはさまざまな情報を提供しているばかりか，商品の購入やイベントの申込みなどにも使われており，今や生活基盤のひとつとも言える状態になりつつある．ホームページを利用できるようにすることを**ウェブアクセシビリティ**（web accessibility）という．図1.13は英国内務省がウェブアクセシビリティを高めるために公表している資料の一部である（資料のうち，対応のためにやらなければいけないことの部分を訳し，やってはいけないことについては省略）[12]．他にスクリーンリーダ利用者向け，ロービジョン者向け，ディスレクシア（読み書きの困難）者向け，聴覚障害・難聴者向け，不安状態にある人向けの対応が用意されている．

ウェブアクセシビリティに関する規格（JIS X 8431-3）では，ウェブアクセシビリティを確保するために「知覚可能」,「操作可能」,「理解可能」,「堅牢《けんろう》」の4つの原則，12のガイドライン，61項目の達成基準を規定し，さらに各項目では3段階の適合レベルを設けている[13]．総務省はこの規格に基づいて『みんなの公共サイト運用ガイドライン』を定め，公的機関に対して，ガイドラインに従ってウェブアクセシビリティを確保するよう求めている[14]．民間の場合は義務ではないが，ウェブアクセシビリティを高めることはサイトの利便性向上，ブランドイメージの向上に有効である．

アクセシビリティとユーザビリティは重なる部分も多いが，使えない状態から使える状態にすることがアクセシビリティであり，さらにより使いやすい状態に高めることがユーザビリティである（図1.14）．よって，アクセシビリティはユーザビリティの土台と考えることができる．アクセシビリティが低ければ，ユーザビリティは低い．しかし，アクセシビリティが高くてもユーザビリティが高いとは限らない．逆にユーザビリティが高ければ，アクセシビリティも高い．また，アクセシビリティは多様な利用状況やユーザをその対象とするのに対して，ユーザビリティは限定された利用状況やユーザを対象とするものである．

身体障害者・運動障害者に対する対応

- クリック領域を大きく
- クリック対象の間を大きく
- キーボードあるいは音声だけで使えるように
- 携帯情報端末やタッチスクリーンでの利用を想定
- 文字入力作業を少なく

自閉症スペクトラムの人に対する対応

- 色数を少なく
- 簡単な言葉で
- 簡潔な文で箇条書き
- ボタンのラベルを具体的にわかりやすく
- シンプルで一貫性のあるレイアウト

図1.13　ウェブアクセシビリティ向上の取組み例（英国内務省資料）

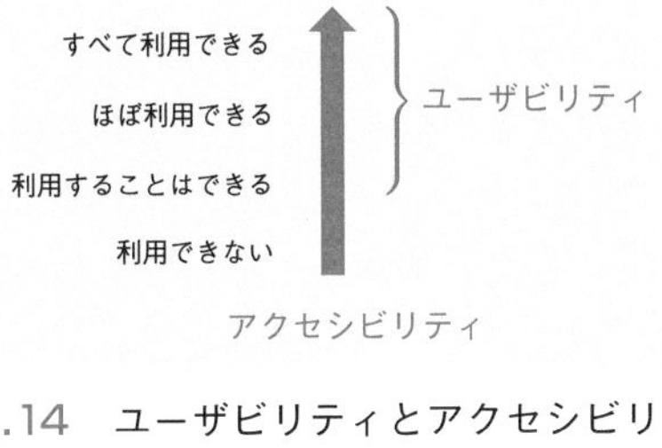

図1.14　ユーザビリティとアクセシビリティ

1.5　ユーザエクスペリエンス

商品を作れば売れた時代からモノ余りの時代となり，消費者の志向がモノからコト（つまりはエクスペリエンス）へと変化してきている．この変化と呼応するかのように，2000 年を過ぎた辺りから，徐々に**ユーザエクスペリエンス**（user experience：**UX**）という言葉が世間でよく使われるようになってきた．UX を JIS では「製品，システム又はサービスの使用及び／又は使用を想定したことよって生じる個人の知覚及び反応」（JIS Z 8350）と定義し，「使用前，使用中及び使用後に生じるユーザーの感情，信念，し好，知覚，身体的及び心理的反応，行動など，その結果の全てを含む」と補足が付されている [10]．

UX はユーザがどう感じるかが基本である（図 1.15）．同じ映画やドラマを見ても個人の感想が異なることからわかるように，どう感じるかはユーザひとりひとり違う．よって，UX は最終的にはユーザに依存するものである．しかし，個人毎に異なるとは言っても，同じ文化を共有するユーザ，同じような特性を有するユーザであれば，UX を感じる背景にはある程度の共通性は存在し，一定のパターンがある．

UX は UI 以外のさまざまな要因の影響も受ける．例えば，EC サイトでは，サイト自体は UI をうまく設計することで UX の向上が見込めるが，欲しい商品がなかったり，ユーザが注文をしても商品が届くのが商品到着予定日より遅延すれば，そして遅延の連絡がなければ，UX は大きく低下する．ユーザにとっては，EC サイトの使用感だけで印象を形成することには生活上あまり意味はない．生活者としてのユーザは，サービス全体が重要であり，その全体印象が UX になる．

UX は利用しているときだけに生じるものではない．もっと長期間にわたって感じるものである．買いたいと思っているときのワクワク感，使っているうちに感じる馴染《なじ》み感，購入後かなり年月が経ち十分に使い切ったときに感じる満足感，こういったさまざまな感情すべてを含めて感じるものが UX である．

ピーター モービル（Peter Moville）は UX を図 1.16 のように表現している [15]．元々はウェブデザインの UX のために提案された図であるが，広く活用できる考え方である．周囲の 6 つの要素が高まると，価値を感じるようになり，UX が高まることになる．どれもユーザの主観に基づく評価，印象である．

設計という視点でUXを考えるとき，ジェシー ジェームズ ギャレット（Jasse James Garrett）の5階層の説明図（図1.17）が有益な示唆を与えてくれる[16], [17]．これも元はウェブデザイン用であったが，若干の修正がなされて，広く使えるものとなっている．ユーザが目にするのは一番上の表層の部分である．しかし，階層は積み重なっており，下の階層が上の階層の土台となっている．このため，下の階層から設計を始め，徐々に上の階層に上がっていく必要がある．

ギャレットの5階層の一番下に位置し，全体の土台となる戦略層では，ユーザのニーズが挙げられている．JISの定義にあるように，UXとは主観的なものである．どういった人々がユーザであるのか，そして，ユーザが何を求め，何に価値をおいているのか，どう感じるのかということがUXの根幹にある．UXを高めるには常にユーザを意識しておく必要がある．

図1.15　UIとUX

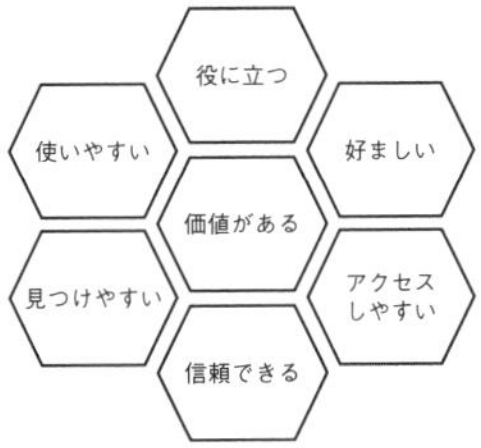

図1.16　モービルのUXハニカム

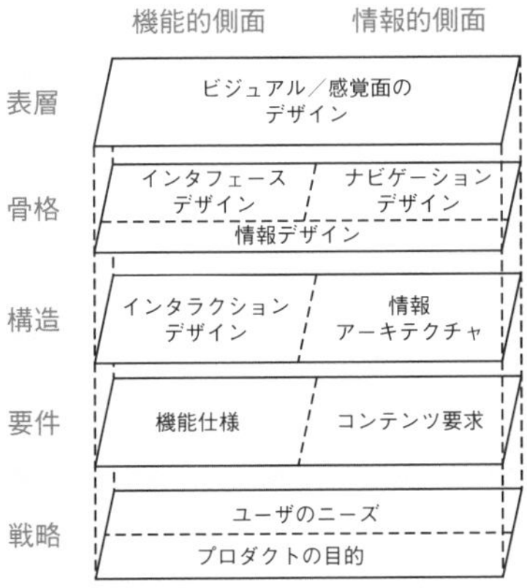

図1.17　ギャレットの5階層

推薦動画

- Alto 復元プロジェクト　https://youtu.be/9H79_kKzmFs
- イライザ　https://youtu.be/RMK9AphfLco
- UX（ノーマン）　https://youtu.be/9BdtGjoIN4E

1 章の課題

□**1.1** 普段使っている機械とのインタラクションを，行為の 7 段階モデルを使って説明してみよう．

□**1.2** 競合する関係にあるアプリケーションやサイトを 2 つあるいは 3 つほど取り上げ，HCI の観点からその違いを考えてみよう．

□**1.3** アプリケーション，ウェブサイトで，ユーザビリティが低いと思われるものを見つけてみよう．そして，なぜ，ユーザビリティが低いと感じるのか，改善するにはどうすればよいかを考えよう．

□**1.4** 居住している自治体，所属している学校の HP において，アクセシビリティがどのように配慮されているか確認してみよう．

□**1.5** 自分が使っているアプリケーション，ウェブサイトで，UX が高いものはあるだろうか．もしあるとすれば，なぜ UX が高いと感じるのかについて考えよう．

● ヴァネヴァー ブッシュ（Vannevar Bush）1890-1974 ●

ヴァネヴァー ブッシュは，アナログコンピュータである微分解析機を開発したマサチューセッツ工科大学（MIT）の教授である．情報理論の創始者クロード シャノン（Claude Shannon）は，ブッシュの研究助手を務めていたこともある．第二次世界大戦勃発時から戦後にかけて，ブッシュはアメリカ大統領の科学顧問のような立場にあり，アメリカの科学技術政策に大きな発言力があった．

『As we may think（われわれが考えるように）』（1945 年）は，彼がメメックス（memex）と名づけた，記憶拡張機械（MEMory EXtender）について紹介した論文である[†]．メメックスは，書籍，新聞，手書き文書，音声，通信内容等のさまざまな資料を記録し編集することができる，パーソナルユースを目的とした仮想の装置である（図 1）．その入出力インタフェースはカメラ，キーボード，レバー，スクリーン等であり，ペンでの書き込みも可能であった．論文では，ハイパーテキストを始め，後のコンピュータシステムで実装されている（あるいは，まだ未実装の）さまざまな機能に関するアイデアが豊富に提案されていた．後の多くの研究者や開発者は，メメックスに大いに触発されたと証言している．

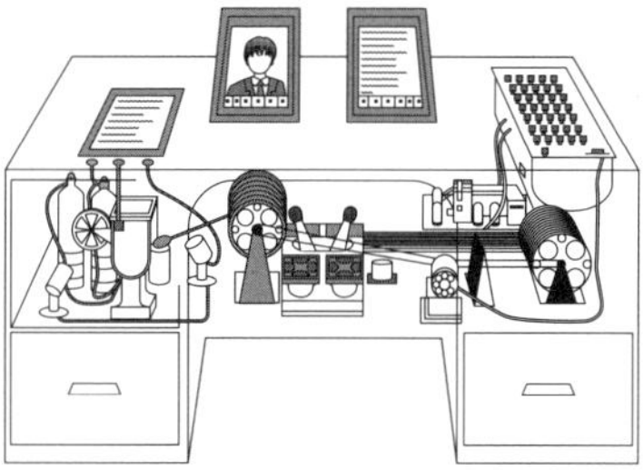

図 1　メメックス

[†] Bush, V. (1945). As we may think. *The Atlantic Monthly*, 176(1), 101-108.（ACM プレス編，村井純 監訳，浜田敏夫 訳 (1990). ワークステーション原典 アスキー出版局所収 思考のおもむくままに）（西垣通 編著訳 (1997). 思想としてのパソコン NTT 出版 所収 われわれが思考するごとく）

第2章

人間の特性

優れたHCIは人間の特性をうまく使っているものである．これは，優れたHCIを設計するには人間の特性についてよく知っておかなければならないことを意味している．人間には五感と一般に呼ばれる諸感覚（感覚モダリティ）が備わっており，将来的にはこれらの感覚でインタラクションが生じるようなHCIが生まれてくるであろうが，現段階でHCIとして使われている感覚モダリティは視覚と聴覚である．本章では，この2つの感覚モダリティについて学び，そして一般的にはまだHCIには用いられていないが近い将来は利用できるようになることが期待できる皮膚感覚について学習する．後半では，感覚よりもより高次の人間の情報処理プロセスである，記憶，注意，思考，操作について学び，ユーザである人間についての理解を深めていく．

2.1 感 覚

生物は眼や耳などの感覚器官を通して，外界からの情報を受け取っている．感覚器官には適した刺激（適刺激）があり，それ以外の情報は受け取ることができない．感覚器官では外界情報を神経信号へと変換し，感覚神経により脳へと伝える．そして脳では，感覚器官から得た外界情報がどういったものであったかを知覚し，認知する．

物理的な刺激と感覚の関係についての科学的探求は，19 世紀にドイツの生理学者であるエルンスト ウェーバー（Ernst Weber）により開始された．彼は，刺激の強さを R，弁別閾《べんべついき》（刺激の違いを感知できる最小の差）を ΔR とすると，以下のような関係が成り立つことを見出した．

$$\frac{\Delta R}{R} = k \quad (一定)$$

この式をウェーバーの法則，k をウェーバー比という．

グスタフ フェヒナー（Gustav Fechner）は，ウェーバーの法則を元にして，感覚量 E は，

$$E = k \log R$$

という刺激強度と対数関係になることを発見した（図2.1）．この式は**フェヒナーの法則**（Fechner's law）と呼ばれており，刺激が弱いときには少しの強度変化に対して敏感に感じるが，刺激が強くなると鈍感になることを示している[18]．

フェヒナーの法則は発見以来 100 年近く利用されてきたが，スタンリー スティーブンス（Stanley Stevens）は，フェヒナーの法則に替わる新法則として，以下の法則を提唱した（図2.2）[19]．これは**スティーブンスのべき法則**（Stevens's power law）と呼ばれている．

$$E = kR^n$$

ひとつの事物について複数の感覚モデリティを使って知覚することを，**マルチモーダル知覚**（multimodal perception）という．対象が遠くにある場合は，見えるだけ，聞こえるだけ，匂いがするだけといった，ひとつの感覚モダリティによって知覚をすることも多い．しかし，手が届くような場所に対象があるような場合は，われわれは眼で見て手で触ってとマルチモーダル知覚をすることにより，対象をリアルに感じることができる．

自然界に存在する対象の場合は，感覚器官からの情報がお互いに矛盾するようなことはあまりない．実験的に矛盾した状態を作り出すことで，感覚間の相互作用などを調べることができる．

マガーク効果は，「が，が，が」と言っている人物の顔を撮影し，音声を「ば，ば，ば」に変えて視聴させると，「だ，だ，だ」と聞こえるという現象である[20]．この効果は，聴覚情報処理が視覚情報の影響を受けることを示している．

ラバーハンド錯覚は，手を隠して代わりにゴム製の手が見えるようにして，手とゴム製の手の両方に刺激を同時に加え続けていると，次第にゴム製の手が自分の手のように感じるようになる錯覚である（図2.3）[21]．身体所有感（自分の身体であるという感覚）がゴム製の手へと移ったことになる．

視覚情報は他の感覚よりも強い影響力を持つことが多く，疑似触覚は視覚情報により自分で知覚する自分の身体の動きを変えようとするものである．デモ（https://mikotex.github.io/pseudosample/）では，球が置かれている画像をマウスでなぞることができるが，球を横切るようにマウスを動かすと，球の部分で凸を感じる．このように感じるのは，マウスを横に動かすと，実際の球の表面をなぞるときのようにマウスカーソルの大きさと移動速度が変化するためである．

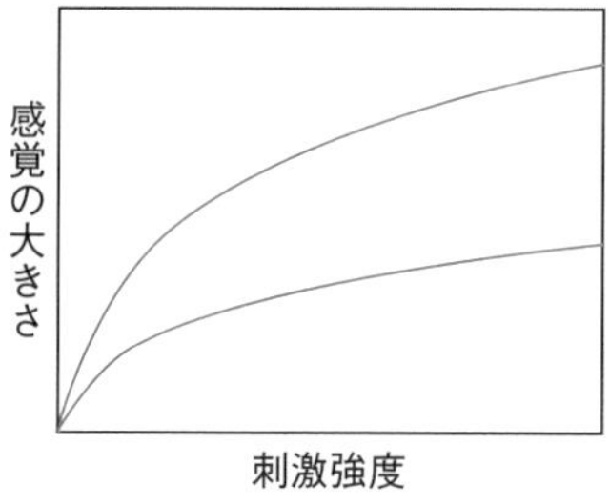

図2.1　フェヒナーの法則

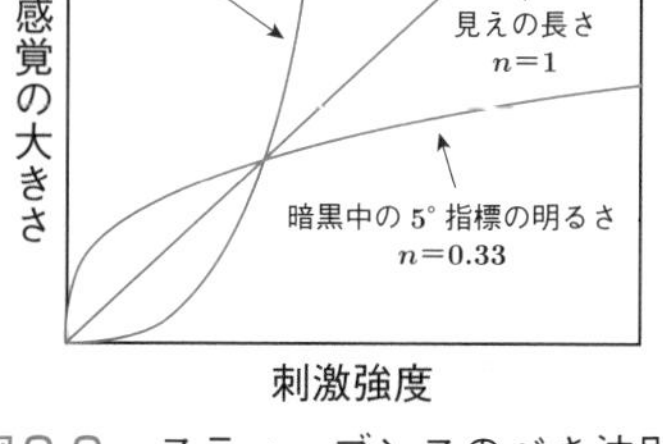

図2.2　スティーブンスのべき法則

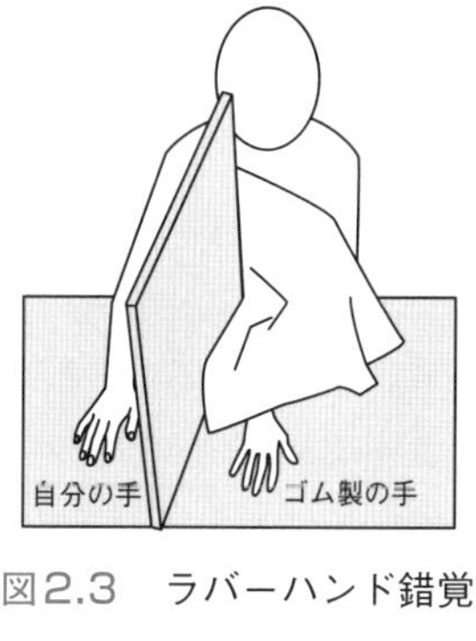

図2.3　ラバーハンド錯覚

2.2 視　覚

視覚の仕組みと基本特性

われわれが見ている光（可視光）の正体は，おおよそ370～800 nm（$1\,\mathrm{nm} = 10^{-9}\,\mathrm{m}$）の電磁波である．その可視光が眼の網膜にある受光細胞（杆体《かんたい》と錐体《すいたい》）にあたり，受光細胞が興奮することが視覚の始まりである（図2.4，図2.5）．2つの受光細胞の機能には，杆体は感受性が高いが色の識別ができず，錐体は感受性が低いが色の識別ができるという相補的関係がある．受光細胞の興奮状態は，視神経，視交叉《しこうさ》，視索，外側膝状体，視放線，一次視覚野という順に伝達される．視交叉において半交叉するため，右視野の情報は左脳へ，左視野の情報は右脳へ伝わる．

受光細胞の分布は図2.6のように網膜内で一様ではないが[22]，一次視覚野のニューロンも**視野**（field of view）を均一にカバーしているのではない．多くのニューロンが視野中心部の処理を担当し，視野周辺部に行くにつれ担当するニューロンが減少する．こういった仕組みのため，視力は見ている一点から外れると急激に悪くなる（図2.7）．

視野の大きさは，視野の広い若い人で片眼では鼻側および上側60度，下側70度，耳側に100度程度であり，両眼では水平方向200度ほどである（図2.8）．しかし，注意を要する作業時には脳が認知処理をすることができる視野範囲が減少する．この範囲を**有効視野**（useful field of view）という．

群化の法則，奥行知覚，運動知覚

視野に複数の対象がある場合，その分布等により，いくつかの対象がまとまって見える．これを知覚的体制化といい，**群化の法則**（principles of grouping）が知られている（図2.9）．この法則は，**ゲシュタルト原則**（gestalt principles）とも言われ，UI設計においてよく活用されている．

われわれは3次元空間に生活をしており，3次元の**奥行知覚**（depth perception）をしている．しかし，眼の網膜は2次元平面であり，奥行情報は持っていない．このため，いくつかの情報を使って奥行を作り出している（図2.10）．ひとつは眼が2つあることに起因する情報である．右眼と左眼が左右に離れているため，微妙にではあるが，それぞれの眼で視点が異なることになる．視点が異なることによる見えの違いを両眼視差といい，近くの対象ほど，その違いが大きくなる．3D 映画やヘッドマウントディスプレイ（HMD）等の立体映像はこの両眼視差を効果的に利用したものである．また，近くの対象を見るためには両眼は内転し，遠くの対象を見るためには両眼の視線は平行となる．このような眼の動きを輻輳《ふくそう》という．これらは対象を見つめる（網膜のもっとも解像度の高い領域を利用する）ために生じる眼の動きであるが，その動きを知ることで対象までの距離を推定することができる．また，片眼だけでも，ある程度の奥行を知ることができる．絵画で用いられている技法（線遠近法，大気遠近法，重なり，きめ等）も奥行を知覚するために使われている．眼の水晶体は網膜にピントを合わせるために厚みを変えているため，水晶体の変形具合（調節）も奥行の手がかりとして利用することができる．さらに，見ている人が動くことで生じる運動視差も奥行知覚に利用されている．

われわれが見ている TV や映画は，静止画を連続再生したものである．元は静止画の集まりであっても，対象の形状や位置を少しずつ変え，一定の速度で連続的に再生すると，われわれはそこに動きを知覚する．これを**仮現運動**（apparent movement）という．ある静止画から次の静止画へと移るときに対象の形状や位置が大きく変化した場合，再生速度が遅すぎた場合などでは，対象の滑らかな動きを感じることはできない．

色

網膜の錐体細胞には 3 種類が存在し，応答する波長の違いにより短波長感受性錐体（S 錐体），中波長感受性錐体（M 錐体），長波長感受性錐体（L 錐体）と呼ばれている（図2.11）．照射する光の波長により，各錐体の応答パターンが生まれ，脳への伝達経路において，赤／緑，黄／青，明るさという 3 種類の信号に変換される（図2.12）．

3 種類の錐体の機能が弱いあるいは働いていないような場合に**色覚異常**（color deficiency）が生じる．もっとも発生頻度が高いのは L 錐体に異常がある場合で 1 型（P 型）と呼ばれている．次に頻度が高いのは 2 型（D 型）と呼ばれる，M 錐体に異常がある場合である．S 錐体に異常がある 3 型（T 型）はかなりまれである．色覚異常では，赤と緑，青と紫，水色とピンク等は識別が難しい色の組合せとなりやすい．このため，色覚異常の人々に対する配慮として，コントラストを十分につけたり，文字情報を付加したりして，識別を色だけに頼った表示をしないような工夫が必要である．

色は色相（色合いの違い），明度（明るさ），彩度（鮮やかさ）の3属性で表現することが多い．色相を円環状に並べたものを色相環，色相環で反対の位置にある色の組合せを補色という（図2.13）．補色の組合せは，コントラストが強い目立つ配色となる．

色には目立ちやすい色，目立ちにくい色がある．基本的には背景との違いが重要であるが，赤や黄等の暖色系の色は目立ちやすく，青や紫等の寒色系は目立ちにくくなることが多い．

イメージ

形や色，構図は見る人にイメージをもたらす．丸は可愛らしさや温かみ，正方形や四角形はかちっとしたフォーマル感や堅牢《けんろう》感，三角形は安定感，逆三角形は不安定感等，さまざまなイメージが形によってもたらされる．色も同様に，赤，黄，緑等の色の違いにより生起するイメージが異なる．また色のトーン（色調）の違いによっても違ったイメージが生まれる．

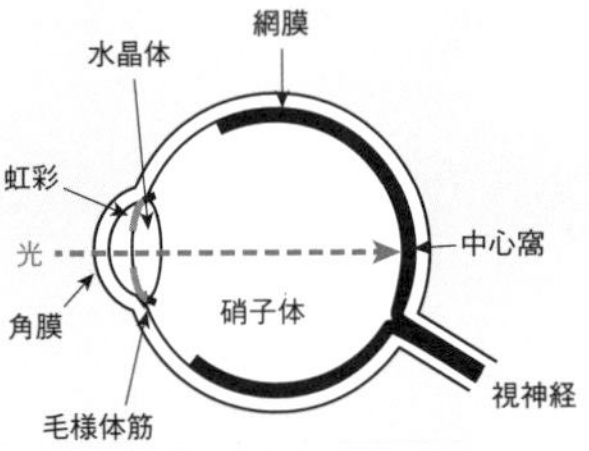

図2.4　眼の構造

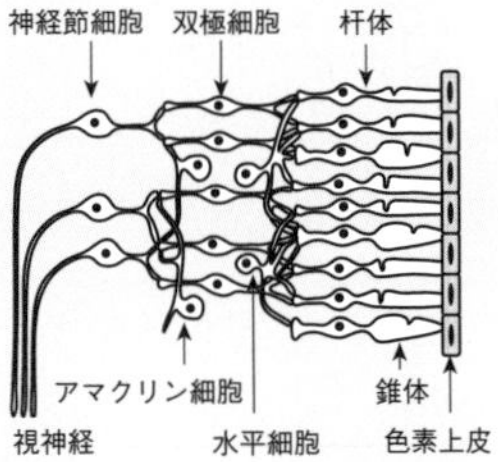

図2.5　網膜の構造

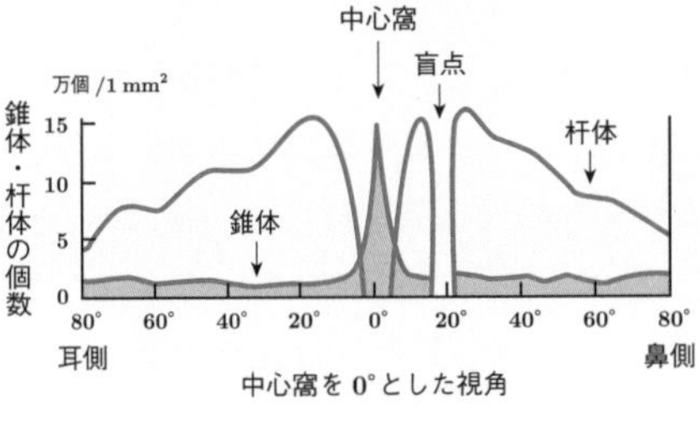

図2.6　受光細胞の分布

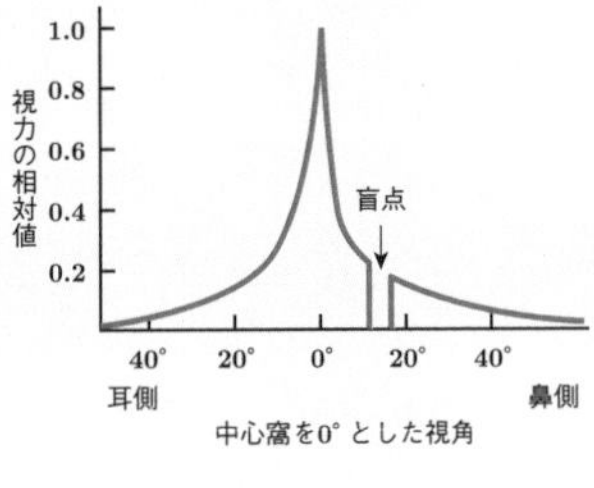

図2.7　視力

（a）視野の広がり　（b）水平方向の広がり　（c）垂直方向の広がり

図 2.8　視野

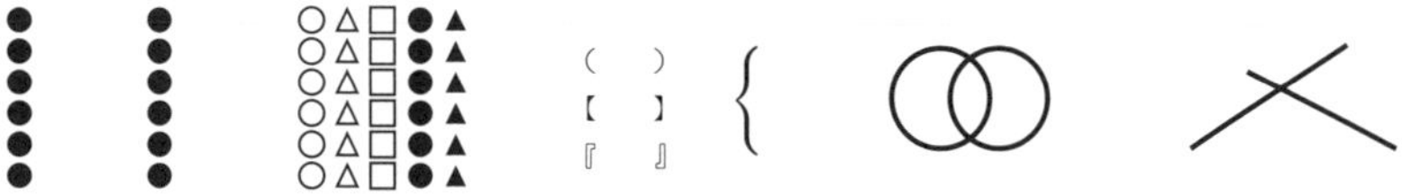

（a）近接要因　（b）類同要因　（c）閉合要因　（d）よい形の要因　（e）よい連続の要因

図 2.9　群化の法則

両眼手がかり	単眼手がかり
• 両眼視差	• 絵画的手がかり （遠近法、重なり，きめ…）
• 輻輳	• 水晶体の調節
	• 運動視差

図 2.10　奥行手がかり

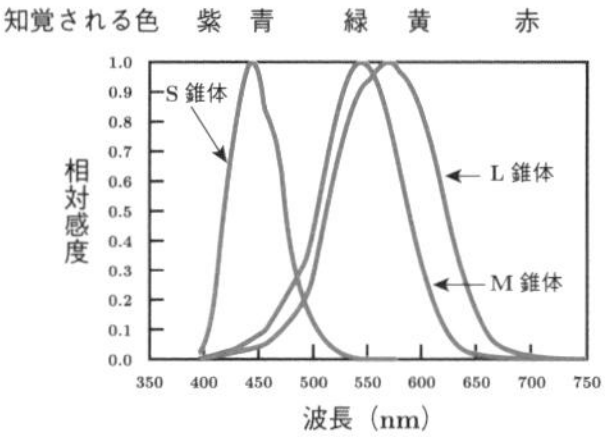

図 2.11　**3** 種類の錐体

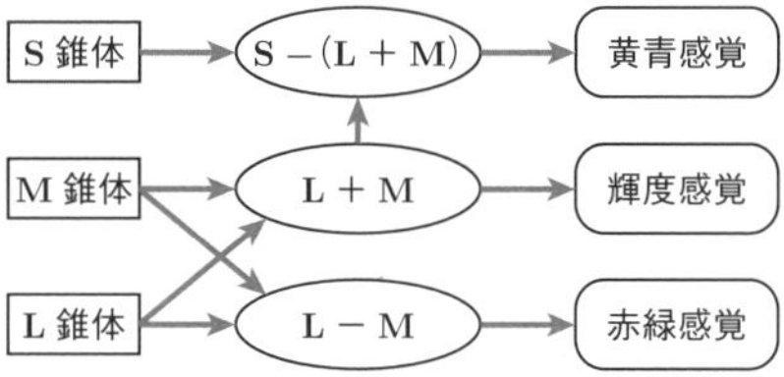

図 2.12　色覚

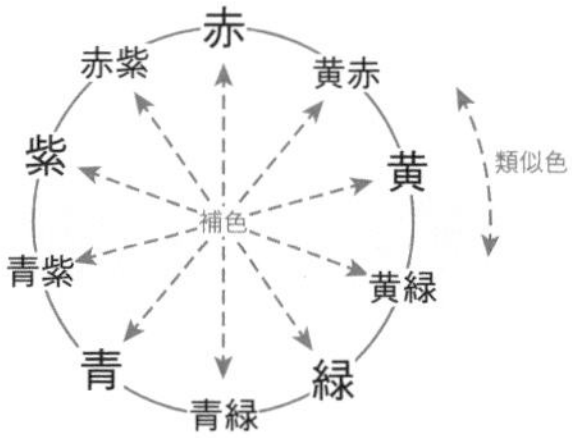

図 2.13　色相環と補色，類似色

2.3　聴　覚

聴覚の仕組み

音は外耳道から鼓膜，耳小骨，蝸《か》牛《ぎゅう》へと伝わる（図2.14）．眼の網膜に相当する聴覚の感覚器官はコルチ器であり，受光細胞に相当する細胞は有毛細胞である（図2.15）．音の周波数によって違った場所の有毛細胞が興奮することで，音の高さの違いがわかる．有毛細胞の興奮は，蝸牛神経，延髄，上オリーブ核，下丘，内側膝状体，聴覚野と伝わる．延髄から上オリーブ核への伝達において，一部は対側（右耳の情報は左脳，左耳の情報は右脳）へと伝わるため，聴覚野には左右両方の耳からの情報が届く．

音 の 知 覚

物理的には音の大きさは音圧で決定される．健聴者が聴くことができる最小の音圧は1 000 Hzの純音で20 μPaとされており，これを最小可聴値と呼ぶ．ある音の音圧レベル L_p は，その音の音圧 P と基準となる最小可聴域の音圧 P_0 の比の常用対数で表現し，単位はdB（デシベル）を用いる．

$$L_p = 20\log\left(\frac{P}{P_0}\right)$$

人間が感じる音の大きさは音圧レベルとは比例しない．そこで，主観的に感じる音の大きさを，音圧レベルとは別に定義し，**ラウドネス**（loudness）と呼ぶ．ラウドネスの単位はソーンである．1 000 Hzの純音40 dBの音の大きさを1ソーンとして，その何倍に感じるかで表現する．

音圧レベルは同じであっても，周波数が異なれば，感じる音の大きさは大きく変化する．等ラウドネス曲線（図2.16）は，1 000 Hzの純音と同じ音の大きさに聞こえる音圧レベルを計測して結んだものである[23]．1 000 Hzの純音の音圧レベルと同じ値をフォンという単位で表現する．

健常な若人では20～20 000 Hzの音波を聞くことができる．音波の周波数の違いは，主観的に感じる音の高さの違いとなる．実際には主観的に感じる音の高さは，周波数だけでなく音圧レベルの影響も受ける．そこで，主観的に感じる音の高さを**ピッチ**（pitch）と呼び，単位はメルを使う．40 dBで1 000 Hzの純音が1 000メルと定義されており，その何倍かで音の高さを表す．

音声の知覚

母音などの有声音は，基本周波数成分とその高調波成分からなる複合音である（図2.17）．そして，そのスペクトルには，特にエネルギーが強いところ（**フォルマント**，formant）が存在する．母音ではフォルマントは4つないしは5つあり，低い周波数から順に，第1フォルマント，第2フォルマント，...と呼ぶ．

音声を聞き分けることを**カテゴリ知覚**（categorical perception）という．母音のカテゴリ知覚はフォルマントが大きな手がかりとなっている（図2.18）．

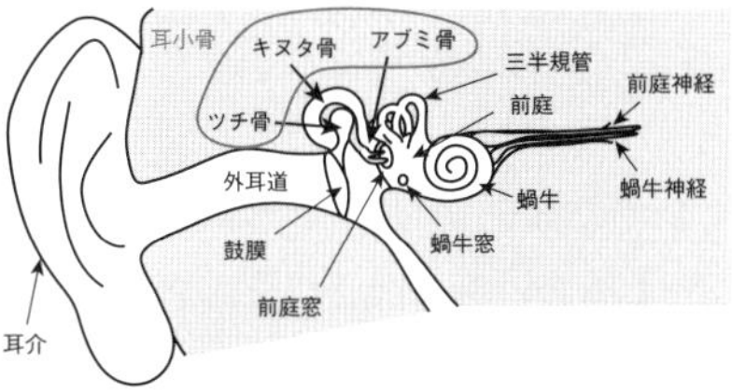

図2.14　耳の構造

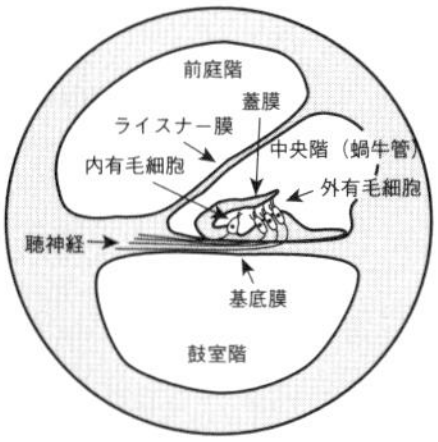

図2.15　蝸牛の構造

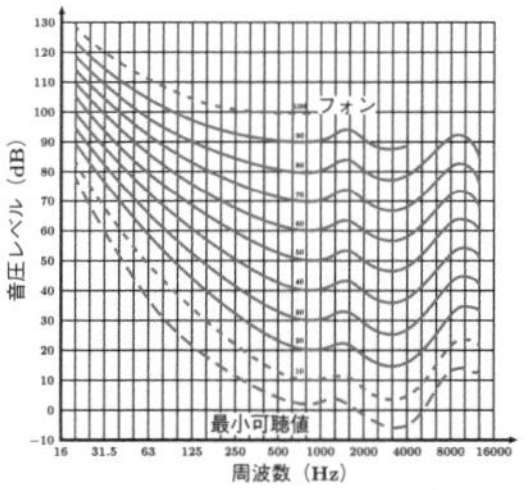

図2.16　等ラウドネス曲線

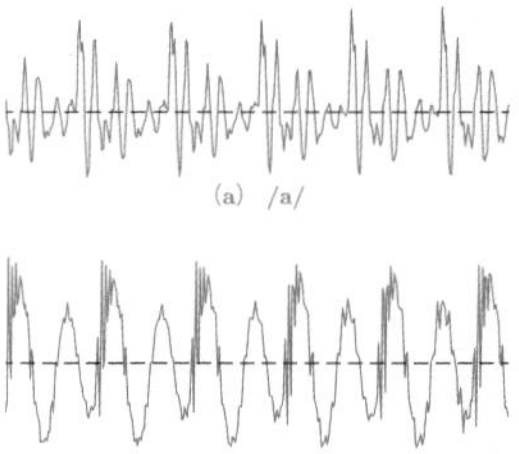

（a）/a/

（b）/i/

図2.17　音声波形

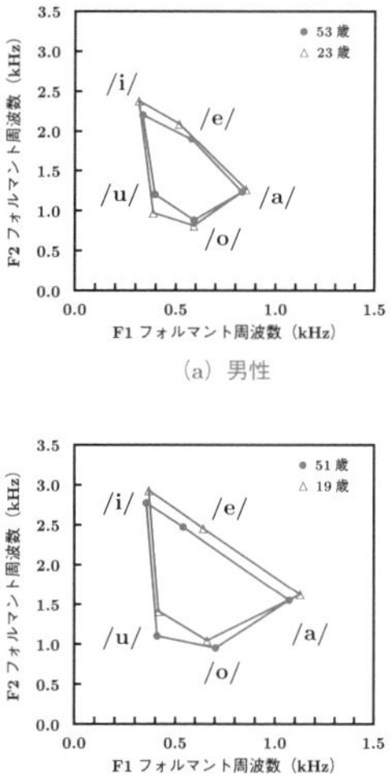

（a）男性

（b）女性

図2.18　母音の **F1-F2** の関係
（**4** 名の話者の例）[24]

2.4 皮膚感覚

皮膚感覚の仕組み

皮膚は表皮，真皮，皮下組織の3層の粘弾性体であり，表皮がもっとも硬く，皮下組織がもっとも柔らかい．皮膚に与えられた刺激に対する感覚を総称して皮膚感覚といい，触覚（圧覚，振動覚），温覚，冷覚，痛覚などに細分化することができる．それぞれの感覚は単一の感覚受容器で感知しているのではなく，複数の感覚受容器の応答の結果である．感覚受容器が存在している場所の真上の皮膚がその感覚をよく感知し，その皮膚上の場所を感覚点（圧点あるいは触点，温点，冷点，痛点）という．

触覚に関する感覚受容器は機械的刺激による皮膚の変形を感知するもので，**機械受容器**（mechanoreceptor）と呼ばれている（図2.19，表2.1）．メルケル細胞とルフィニ終末は，皮膚のゆっくりとした変形に反応し，皮膚にかかる圧力，触れている物体の形状やテクスチャの違いを検出する．そして，マイスナー小体とパチニ小体は，動きや振動を感知する．また，皮膚の有毛部には毛包受容体が存在し，毛の動きを検知している．

温覚や冷覚の感覚受容器は，末梢神経《まっしょうしんけい》終末で軸索がむき出しになった，自由神経終末である．感覚としては温覚と冷覚はひとつの連続体のように知覚されるが，受容器としては異なる末梢神経終末の応答である．温覚を感じる感覚点（温点）よりも冷覚を感じる感覚点（冷点）のほうが圧倒的に数が多い．そして，極度に熱いものや冷たいものに触ったときには痛みを感じる（熱痛覚，冷痛覚）．

痛覚の感覚受容器も自由神経終末であり，侵害受容器とも呼ばれる．怪我をしたときに感じられるように，痛みには怪我をした瞬間の刺すような痛み（一次痛）とその後に続くズキズキした痛み（二次痛）がある．これは，経路や信号が伝わる末梢神経の伝導速度の違いによるものである．痛覚は他の感覚とは異なり順応はなく，痛点の数は他の感覚点よりも格段に多い．

皮膚感覚の知覚

触覚の感受性指標として，触二点閾《しょくにてんいき》が昔から用いられている．コンパスやノギスのような形状をした2つの針の間隔を変えることができる器具を用いて，皮膚を刺激すると，針の間隔が広いときは2つの点として知覚されるが，針の間隔が狭いときは1つの点としか知覚することができない．両者の境界の間隔が触二点閾であり，触二点閾が小さいほど感受性が高いことを意味する．触二点閾は身体の部位により大きな差があり，指先や口唇などは小さく，背中などは大きい．この違いは，皮膚に存在する感覚受容器の密度とその処理をする大脳皮質の領域の大きさの違いに起因する．

触二点閾は静止した状態で計測をするよりも動かしている状態で計測をしたほうがかなり小さくなる．これは指の腹を使って試してみると，指を動かしたほうが鋭敏に感じることができ，すぐに実感することができる．また，指腹部にある指紋は滑り止めの役目があるが，敏感さにも寄与している．

皮膚感覚は他の感覚と異なり，受動的に感覚情報を受け取るだけでなく，動かして積極的に情報を得ることができる．このような行為を触探索といい，触探索による触知覚を**能動的触知覚**（アクティブタッチ，active touch）という．触探索では，手などを動かすための筋肉や腱《けん》，関節からの**自己受容感覚**（proprioception）も発生するため，能動的触知覚は皮膚感覚と自己受容感覚，そして実際の運動が合わさって生じる知覚である．

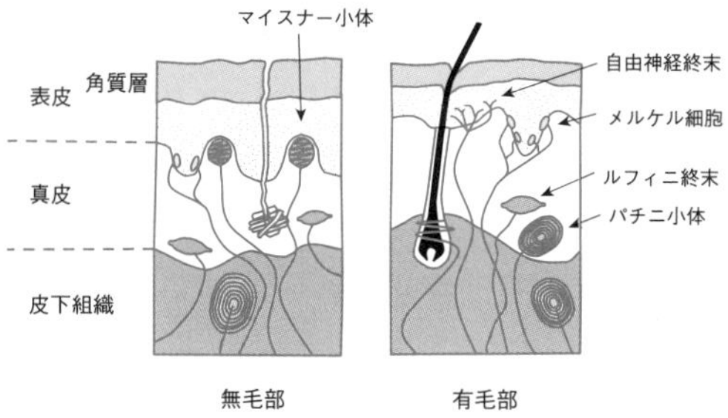

図2.19　皮膚の構造

表2.1　機械受容器

受容器	メルケル細胞	ルフィニ終末	マイスナー小体	パチニ小体
分布場所	表皮下層	真皮	真皮上層	真皮下層 皮下組織
受容野	小さい	大きい	小さい	大きい
順応	遅い	遅い	速い	非常に速い
適刺激	押された圧力 角や鋭利な突起 指先における形凹凸	皮膚の伸展	皮膚面に沿ったすべり運動 指先の輪郭検出	細かな振動 細かなザラザラ

2.5 記憶

PCやスマートフォンを使っていると，パスワードの入力を求められることが多い．パスワードは，異なる種類の文字で構成され，意味がなく，桁数が多い文字列であることが必要であるが，これは人間にとって非常に覚えにくい文字列の条件である．

記憶（memory）には符号化，貯蔵，検索という3つの過程がある．符号化とは覚えることである．機械的にひたすら繰り返して覚える方法もあるが，何かに関連づけて覚えることのほうが労力が少なくてすむ．連想は記憶負担を大きく減らすテクニックである．パスワードが覚えにくいのは連想しやすい文字列の使用が禁止されているからである．逆に，キーボードショートカットでは覚えやすいような文字が割り当てられている．貯蔵とは覚えた状態を保持しておくことであり，検索は覚えていたことを思い出すことである．検索には再生，再認，再構成の3種類がある．再生とは，経験したことを何の手がかりもなく文字や絵等で再現することである．再認は経験したことであるかどうかを確認することであり，再生と比較すると思い出しやすい．われわれの記憶は実は頼りないもので，物事を正確には記憶していない．再構成は記憶したことを組み合わせて再現することである．

われわれが見聞きする情報は膨大であり，それをすべて記憶することは不可能である．必要と思われる情報を選別しなければならない．図2.20は記憶の多重貯蔵モデルの図である[25]．**感覚記憶**（sensory memory）では，目立つ事象，注意を向けていた事象に関する情報が選別される．視覚に関する感覚記憶はアイコニックメモリ，聴覚に関する感覚記憶はエコイックメモリと呼ばれ，受け取った情報をそのままの形でごく短時間保持される．**短期記憶**（short-term memory）はもう少し長く保持できる記憶であるが，記憶できる量はかなり絞られる．昔から7プラスマイナス2チャンク（チャンクとは塊）と呼ばれていたが，2000年代より4チャンク程度とも言われている[26],[27]．短期記憶の情報はリピートをしない限り失われてしまうが，リピートして覚えようとしたことや印象に非常に強く残ったこと，繰り返し遭遇する事象は長期記憶となる．

長期記憶（long-term memory）には図2.21のようないくつかの下位の分類がある[28]．宣言的記憶は，言葉等で表現ができる記憶であり，さらに，辞書に記載されているような事項に関する意味記憶と経験に関するエピソード記憶とに分かれる．非宣言的記憶は一般的な意味では記憶と思えないような記憶であるが，こちらも技能に関する手続的記憶と先行する事象が後続する事象に促進的な影響を及ぼすプライミング等に分かれる．

ワーキングメモリ（working memory）は，日常生活場面における記憶をモデル化したものである（図2.22）[29], [30]．短期記憶が情報を保持する機能しか持たないのに対して，ワーキングメモリは保持と処理の両方の機能を持ち，目的に向けて能動的に働く一時的な記憶である．われわれがコンピュータの操作をしているとき，特に記憶に留めておこうという意図はなくても，少し前におこなった作業内容に関して多少は覚えている．前におこなった操作の記憶，おぼろげに覚えている記憶を思い出しつつ，確かこうだったかなと操作をおこなったりもしている．こういった場面で働くのがワーキングメモリである．

過去の出来事に関する記憶を回想的記憶，将来の計画に関する記憶を展望的記憶という．展望的記憶のエラー，つまり「し忘れ」は，習慣化していないあるいは特別重要というほどでもないようなことに対して発生しやすい．逆に，ふと昔のことを思い出すこともある．これをポップアップ現象と呼ぶ．

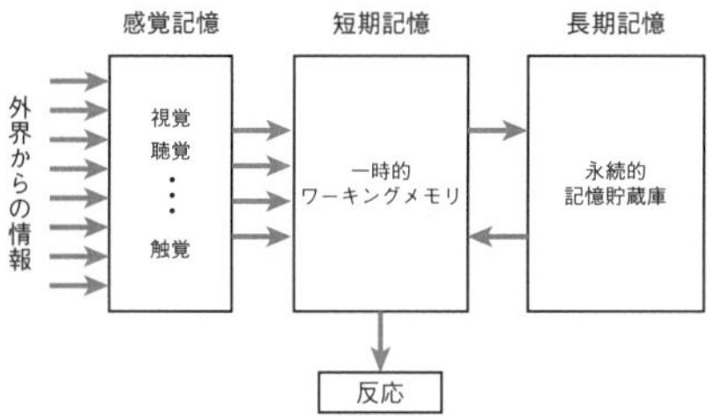

図2.20 多重貯蔵モデル

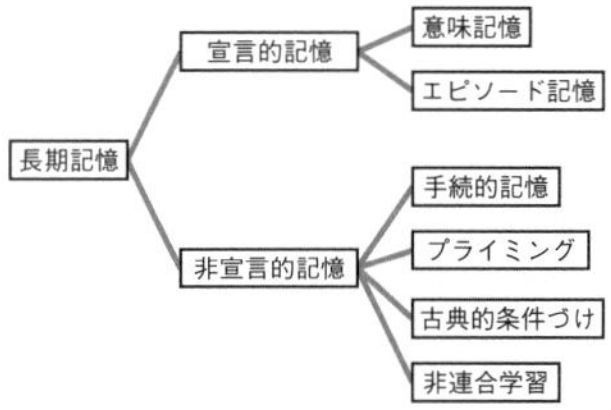

図2.21 長期記憶

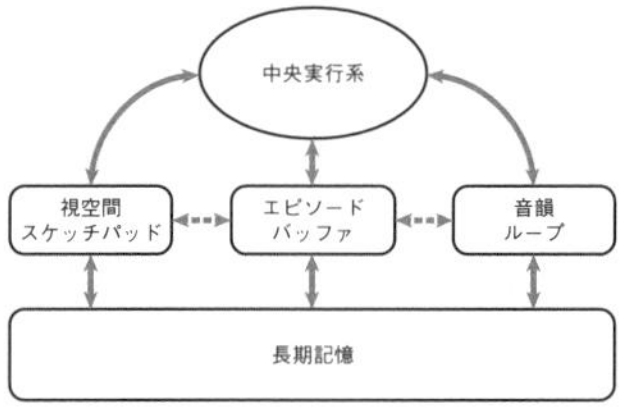

図2.22 ワーキングメモリ

2.6 注　意

注意（attention）は本人が意識しているかどうかで受動的注意と能動的注意に分けることができる．**受動的注意**（passive attention）は，PC操作時に，警告音がしたり，ダイアログが立ち上がったりするような場面で生じるような，本人の意思とは無関係に，注意を強制的に向けさせられたようなときに働く注意である．注意を引くには，目立つこと，そして強制的に作業の継続ができなくすることが有効である．ポップアップウィンドウは前者の例，モーダルウィンドウは後者の例である．モーダルウィンドウでは，ときとしてユーザがモーダルウィンドウに気づかず，PCが反応しないと思ってしまうこともある．このため，モーダルウィンドウ以外を暗くし，モーダルウィンドウが立ち上がっていることに気づきやすくするといった対応をすることもある（図2.23）．

一方，**能動的注意**（active attention）はすべきことに意識を集中させているときに働く注意である．熱中して物事に取り組んでいるときは，能動的注意は高まった状態にあり，ときとしてフローと呼ばれる精神状態に近い状態になることがある[31]．このような状態では時間が経つのを忘れたり，速く感じられたりする．逆に，嫌々ながら仕事をしているようなときは，すぐに能動的注意が途切れる．嫌な仕事でなくても，注意の持続時間は短く，注意の持続をどう定義するかにもよるが，10分から20分程度とも言われている．

集中して何か作業をしているときには，注意が削がれないよう，関係のない事物の知覚を抑制するメカニズムが働く．例えば，われわれは，たくさんの会話が飛び交うようなにぎやかな場面でも会話を続けることができる．これはカクテルパーティ効果と呼ばれる現象であり，音声に対する選択的聴取を示している[32]．また，見えないゴリラの実験と呼ばれている有名な実験では，課題に集中するために，課題遂行に必要な情報とそうでない情報が意識下で選別されていること，必要でない情報は抑圧されることが示されている[33]．想定していないような情報はたとえ視野の中にあっても気がつかないか，気がつくのに時間がかかる．

UIでは重要な事項は見落としを防止するために，太字にしたり，色を変えたり，フォントサイズを大きくしたりといった表示がされている．ある対象が他から目立って注意を引くような現象をポップアウトといい，他との違いが大きいほどポップアウトは大きくなる[34]．しかし，いくつもの属性が混在している場合は，ポップアウトは起きにくくなる（図2.24）.

あまり注意が必要でないような簡単な作業の場合は，いくつかの作業を同時処理（マルチタスク）しているかのように作業をすることができる．感覚モダリティが異なっていたり，処理段階が違っていたり，反応手段が異なっているような場合は，注意資源（リソース）の異なる部分を利用して作業することが可能である（図2.25）[35]．しかし，同時に作業をすると作業速度や正確性が低下するのが一般的である．そして，さらに注意を要するような作業では，同時に処理することができなくなる．

また，干渉が生じることがある．ストループ効果は，文字の意味と色とが異なるような場合（赤色で着色された「青」という文字）において，何色かを答えるときに，間違えたり時間がかかったりする現象である[36]．ある対象が2つの属性を持つようなとき，両方の属性に対する処理が無意識的に進行してしまい，不必要な処理が必要な処理に悪影響を及ぼしている状態である．不必要な情報，過剰な情報，矛盾するような情報が提示されていることは，作業効率を下げることになる．

図2.23　背景を暗くしたモーダルウィンドウ

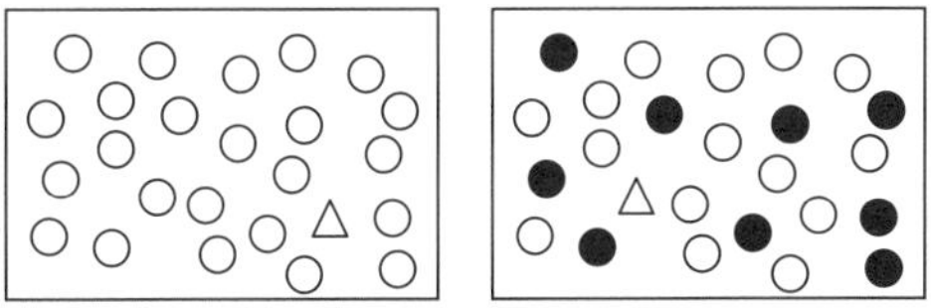

(a) ポップアウトする　　(b) ポップアウトしにくい

図2.24　ポップアウト

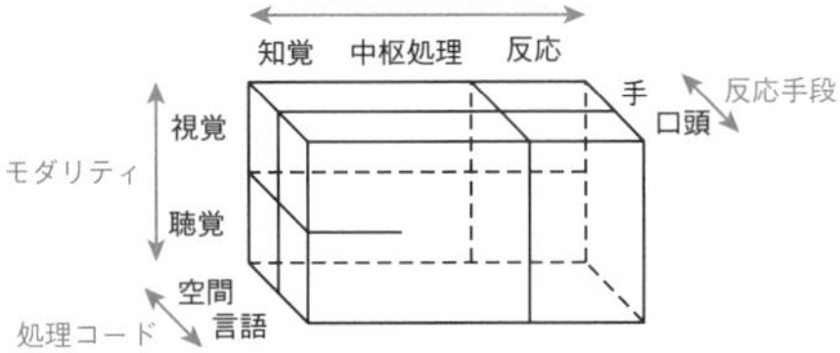

図2.25　多重資源フレームワーク

2.7 思　考

人間はまったく新しい概念や事柄を学習することに困難を覚えることが多い．しかし，新しい概念や事柄であっても，よく知っているものと類似性があれば，それを手がかりにするとかなり理解しやすくなる．類似性が高ければ高いほど他の点でも類似しているに違いないと考え，既知のものから未知のものを推し量る．このような思考過程を**類推**（**アナロジ**，analogy）という．類推は必ずしも正しい結論を得ることができるとは限らないが，われわれが日常生活において多用している推論形式である．推論形式としては，他には，帰納法，演繹《えんえき》法，アブダクションがある．

直喩と暗喩（**メタファ**，metaphor）は類推を基盤とする比喩表現である（表2.2）．ある概念を別の概念を通して理解することを概念メタファという[37]．概念メタファは新しい概念を作り上げるときにも有効である．「時は金なり」というメタファは，「時間」も「お金」も貴重で得難いものであるということを経験的に知っていることから成り立っている．「時間を浪費する」，「時間を稼ぐ」，「時間を費やす」といった表現では，「お金」で用いられた表現がそのまま「時間」に置き換えられている．

コンピュータの世界では，「インターネット」，「ウェブ」，「メール」，「ファイアウォール」，「ウイルス」など多くの言葉がメタファを意識して作られている．「ウイルス」は「ウイルスに感染した」「ウイルスを駆逐する」というような表現にも拡張して使用され，コンピュータのウイルスについてまったく知らない人が聞いても，病気のウイルスからの類推によって見当がつく．

デスクトップメタファ（desktop metaphor）は，机の上をメタファとすることでPCの直感的な操作を可能にした．ファイルを削除したい場合，CUIのOSではコマンドとファイル名を正確に入力しなければならなかった．それが，デスクトップメタファにより，「ファイル」アイコンを「ゴミ箱」アイコンにドラッグするということになった．これは，「ファイル」と「ゴミ箱」自体が実物のメタファであるが，さらに操作もメタファとすることで，わかりやすさをもたらしている．「開く」，「閉じる」，「カット＆ペースト」等の操作表現もメタファである．

比喩表現には直喩と暗喩の他に換喩と提喩がある．換喩は近接性，提喩は包含関係を利用するものであるが，ピクトグラムやアイコンといった図柄を作成する際に多用されている（図2.26）.

われわれが物事を理解する際には，メンタルモデルを構築していることも多い[38]．**メンタルモデル**（mental model）は，その人が持つ物事の仕組み等に関するイメージであり，経験に基づいて構築される．ユーザがシステムに対して適切なメンタルモデルを構築するように設計することは，ユーザビリティやUXの向上に欠かすことができない．そのためには，アナロジ，アフォーダンス／シグニファイア，制約などを使って，人間が自然と感じられるような設計をすることが必要である．

図表や動画を用いた視覚的表現は思考を助ける道具となる．特に，通常は見ることができないような現象，非常に複雑な関係等を見えるように可視化，視覚化することは，それらの関係性や意味を理解したり，全体を把握したりするために有効な方法である．

表2.2　比喩表現

比喩表現	意味や例
直喩	「～のようだ」などの言葉を使った比喩表現.
暗喩 （メタファ ）	「～のようだ」などの言葉を使わない比喩表現. （時は金なり→時間はお金と同じように貴重だ）
換喩 （メトニミ）	隣接性，関連性で対象物を表す. ・部分で全体（手を貸す，手が足りない．手→人間） ・場所や建物で機関（ワシントン→米国政府） ・結果で原因（赤面する→恥ずかしい）
提喩 （シネクドキ）	包含関係で対象物を表す. ・カテゴリで事例（花見に行く．花→桜） ・事例でカテゴリ（人はパンのみにて生くる者にあらず．パン→食べ物）

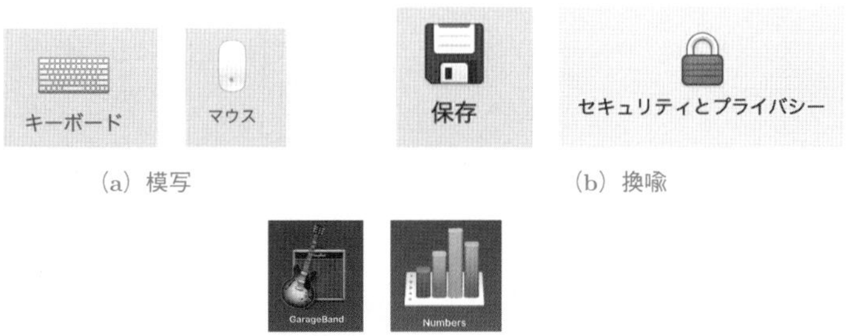

（a）模写　（b）換喩

（c）提喩

図2.26　Macで使用されているアイコンの例

2.8 操 作

外界の変化（刺激）に対して何か反応をする場合に必要となる時間を**反応時間**（reaction time：**RT**）といい，情報処理にかかる時間が反映されている．刺激が1種類しかない場合は刺激に対して即座に反応できる．しかし，刺激が複数あり，それぞれの刺激に対して別の反応をしなければならないような事態では，刺激の数が増えれば増えるほど反応に時間がかかるようになる．

刺激が等確率で出現するような場合，刺激の数と反応時間の関係は

$$RT = a + b \log_2 N \quad (RT：反応時間，N：選択肢数，a と b：定数)$$

となり，これを**ヒックの法則**（Hick's law）という（図2.27）[39]．刺激の出現確率が異なる場合は

$$RT = a + b \log_2 \left(\frac{1}{p} \right) \quad (p：生起確率，a と b：定数)$$

となり，これを**ヒック–ハイマンの法則**（Hick-Hyman's law）という[40]．

ヒックの法則，ヒック–ハイマンの法則は，選択肢が増えれば増えるほど，また選択することがあまりない選択肢であるほど，ユーザが選択をするときに時間がかかるようになることを示している．また，画面で選択肢が増えるということは，多くの選択肢の中から選びたい選択肢を探すという視覚探索の時間も増大することになる．法則は反応時間変化を示すものであるが，一般的には時間がかかると共に選択の間違いも増える傾向がある．

急いで作業をすれば，正確さが落ち，間違いが増える．逆に，正確に作業をやろうとすればどうしても時間がかかる．この両者の相反する関係を，**速さと正確さのトレードオフ**（speed-accuracy tradeoff）という．誰しもできれば作業はすみやかに終わらせたい．それならば速く操作をしても間違った操作をしないような工夫がなされていることが望ましい．

この速さと正確さのトレードオフはマウス操作においても発生する．マウスを移動させてアイコンをクリックするような事態を想定すると，移動距離が長いほど，またアイコンが小さいほど，クリックするまでに時間がかかると予想できる．このようなマウスカーソルの移動操作にかかる**移動時間**（movement time：**MT**）に関しては

$$MT = a + b\log_2\left(\frac{2A}{W} + c\right)$$

（MT：移動時間，A：移動距離，W：アイコンの大きさ，

a と b：定数，c：0，0.5，1 のいずれか）

で表され，この式は**フィッツの法則**（Fitts's law），$\log_2(2A/W + c)$ の部分は，困難度（index of difficulty：ID）と呼ばれている（図2.28）[41]．

フィッツの研究はHCI場面を想定したものではなかったが，PC画面の設計においてマウス操作にかかる時間を推定することに活用することができる．ただし，画面の端，四隅に密着させて配置したアイコンへの移動には単純にフィッツの法則を適用することはできない．これらの場合は，フィッツの法則で予測する移動時間よりも短い時間でアイコンをクリックすることができる．

図2.29 のような木構造のメニュー（トグルメニュー）の場合，ポインタが経路を通過する時間については，次の**ステアリングの法則**（Accot-Zhai Steering Law）が適用できる[42]．

$$MT = a + b \times \left(\frac{A}{W}\right)$$

（MT：移動時間，A：移動距離，W：メニューの幅，a と b：定数）

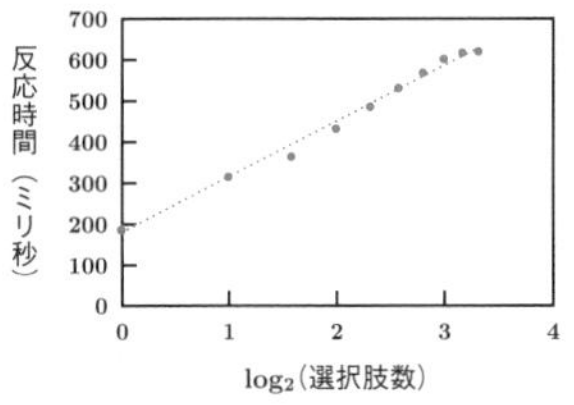

図2.27　ヒックの法則

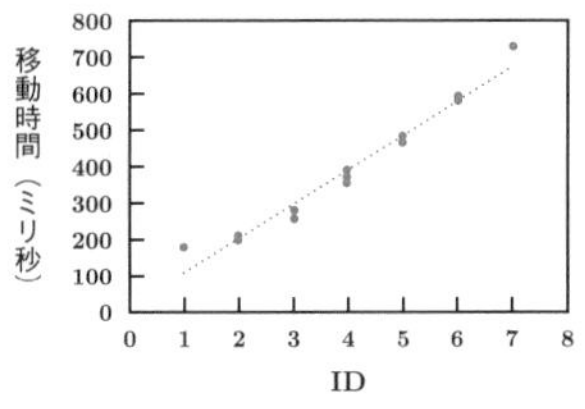

図2.28　フィッツの法則

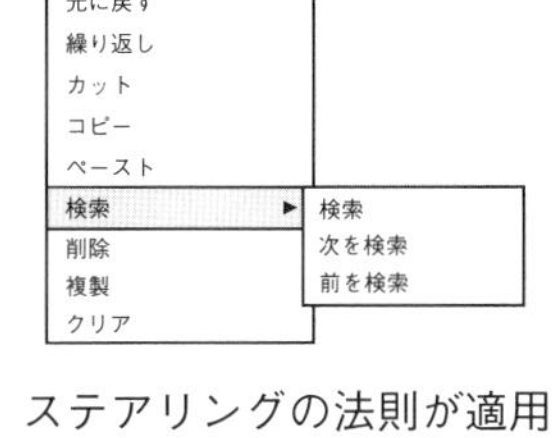

図2.29　ステアリングの法則が適用できる例

推薦動画

- マガーク効果　https://youtu.be/lN8vWm3m0
- ラバーハンド錯覚　https://youtu.be/sxwn1w7MJvk
- 見えないゴリラ　https://youtu.be/vJG698U2Mvo

2章の課題

□**2.1**　アプリケーションやウェブサイトにおいて，群化の法則がどのように使われているのか調べてみよう．

□**2.2**　高齢者の視覚特性および聴覚特性について調べてみよう．コンピュータ等の操作にどのように影響するであろうか．

□**2.3**　人間の情報処理過程をモデル化したものに，カード，モラン，ニューウェルが 1983 年に提案したモデルヒューマンプロセッサがある．このモデルについて調べてみよう．

□**2.4**　ポップアウトさせるには，太字にしたり，色を変えたり，フォントサイズを大きくしたりの他に，どのようなことが可能か考えてみよう．

□**2.5**　電子機器等の操作において，自分がメンタルモデルを使っていることはないだろうか．あるとすれば，それはどんなモデルだろうか．

□**2.6**　速さと正確さのトレードオフから逃れることはできないものだろうか．速くかつ正確に操作ができる仕組みについて，考えてみよう．

● J. C. R. リックライダー（J. C. R. Licklider）1915-1990 ●

リックライダーも現在のコンピュータシステムの発展を方向づけた重要人物のひとりである．彼は元々は聴覚情報処理が専門の実験心理学者であった．彼はMIT，BBN（民間学術研究機関）を経て，1962年に国防高等研究計画局（ARPA）の情報処理技術研究室（IPTO）の初代室長となった．IPTOはブッシュ（1章コラム参照）のビジョンを実現するために設置された政府機関のひとつであり，莫大《ばくだい》な研究資金を大学等に配分する権限を持っていた．

彼はMIT時代に「サイバネティクス」で有名なノーバート ウィーナー（Nobert Wiener）の研究グループに参加していた．ウィーナーはコンピュータが人間の頭脳にとって代わるようになることはないという意見を持っており，リックライダーも同じ考えであった．彼はその見解を「Man-computer symbiosis（人間とコンピュータの共生）」（1960年）で展開し，人間の思考プロセスにコンピュータをうまく取り込むことにより，われわれは今まで考えることができなかったようなことを考え，データ処理できなかったことができるようになると主張した[†]．そのためには，人間がコンピュータとリアルタイムに対話をする必要があり，タイムシェアリング，対話型コンピューティング，直感的なインタフェースなどの開発に取り組んだ．また，論文では，複数人でコンピュータを利用するための，グループウェアについても触れている．現在われわれが使っているインターネットはARPAのプロジェクト（ARPANET）から発展したものであり，リックライダーはその中心的役割を担ったひとりでもあった（図1）．

図1 コミュニケーションデバイスとしてのコンピュータ[††]

[†]Licklider, J. C. R. (1960). Man-computer symbiosis. *IRE Transactions on Human Factors in Electronics*, HFE-1(1), 4-10.（ACMプレス編，村井純 監訳，浜田敏夫 訳 (1990). ワークステーション原典 アスキー出版局所収 人間とコンピュータの共生）（西垣通 編著訳 (1997). 思想としてのパソコン NTT出版所収 ヒトとコンピュータの共生）

[††]Licklider, J. C. R. & Taylor, R. W. (1968). The computer as a communication device. *Science and Technology*, 76(2), 20-41.

第3章

入力インタフェース

コンピュータへの入力インタフェースと言えば，キーボード，マウス，タッチパッドがすぐに思いつく．最初にこれら入力機器について学習する．そして，次に，スマートフォンの入力インタフェースについて学ぶ．スマートフォンの場合は，ユーザがタッチして情報を入力する他に，搭載されたセンサからのデータも入力情報として活用することで，利便性の高いアプリケーションが次々と生み出されている．また，画像認識，文字認識，音声認識など，パターン認識と呼ばれる技術も急速に進展してきており，HCIに大きな変化をもたらすようになってきている．本章ではこういった最近の状況を踏まえて，情報機器の入力インタフェースについて学習する．

3.1　PCの入力システム

キーボード（keyboard）の標準的な英字キー配列は**QWERTY《クワーティ》配列**と呼ばれるものである．タイプライタ用に発明された配列がそのままコンピュータ用に使用されている．英字キー配列には他にドボラック配列がある（図3.1）．ドボラック配列は，アルファベットの出現頻度に基づいてキーが割り当てられるなどの工夫がされている．このため，ドボラック配列はQWERTY配列よりも入力速度や正確性の面で優れていると言われているが，あまり普及していない．人間には新しいものを受け入れるのを躊躇《ちゅうちょ》する傾向がある．特に学び直しが必要な場合は，学び直しが大きな障壁となり旧来のものからの乗り換えが進みにくい．日本語のかな入力でも同様の現象が生じている．日本語のかな入力ではJISかな配列（図3.2）があるが，ほとんどの人はローマ字かな変換を用いている．

キー同士の間隔（2つの文字キーの中心間の距離）をキーピッチといい，多くのキーボードでは，15〜20 mm程度が採用されている．キーピッチが広すぎると，指の動きが大きくなるため，打鍵に時間がかかり疲れやすくなる．キーピッチが狭すぎると，目的のキーを正確に押すことができなくなり，押し間違いが増える．キーを押したときのキーが沈み込む深さをキーストロークといい，デスクトップPC用のキーボードでは3〜4 mm程度がよく採用されているが，ノートPCでは2 mm弱とキーストロークが浅くなっている．キーストロークは，キー荷重（キーを打つときに必要な力）と共に，打鍵感に大きく影響する．

キー構造としては，デスクトップPC用のキーボードにはメンブレム式，ノートPCにはパンタグラフ式が使われている（図3.3）．両方式とも，薄膜印刷による薄いシート形状のスイッチであるメンブレムスイッチが用いられている．メンブレムスイッチは，安価に大量に製造できるため，リモコンスイッチ等にも使われているが，ストロークが非常に短く打鍵感がないため，キーボードには適さない．そこで，ラバードームを使って，ストローク，打鍵感，そしてキーを押した後の戻りを作り出している．メンブレム式では構造上キーストロークが深くなるため打鍵感が強いが，ペコペコとした感触があることもある．パンタグラフ式はストロークが短く，打鍵音が静かである．また，少し特殊なキー構造として，メカニカル式と静電容量無接点式がある．

ポインティングデバイス(pointing device)の代表的な装置は**マウス**(mouse)である．かつてマウスはボールの縦方向と横方向の回転量と方向を検出するボール式が用いられていたが，内部にホコリがたまりやすく，摩擦の低い机の上ではボールがスリップするという欠点があった．このため，今は光学式マウスやレーザー式マウスが使われている．光学式は赤色あるいは青色 LED から発する光の反射光をセンサで読み取る方式である．光沢面やガラス面の上では利用できないが，赤色 LED を用いた製品は低価格である．レーザー式は光の代わりにレーザーを用いる方式で，光沢面においても利用できる．しかし価格が高くなる傾向がある．

多くのノート PC には，ポインティングデバイスとして**タッチパッド**（touchpad）／**トラックパッド**（trackpad）が採用されている．タッチパッドはスマートフォンで使われている静電容量型タッチパネルと同じ原理で指の動きを検知している（図3.12）．マウスと比較するとタッチパッドは，ポインティング精度は劣るが，使用時に必要となる面積が小さくてすむ，ノート PC に組み込むことができる，という利点がある．当初のタッチパッドはマウスポインタを動かすだけの機能しかなかったが，タップ機能や複数の指での操作機能など，改良が進んでいる．

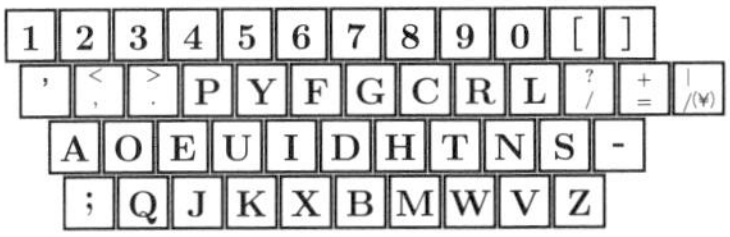

図3.1　ドボラック配列

図3.2　JIS かな配列

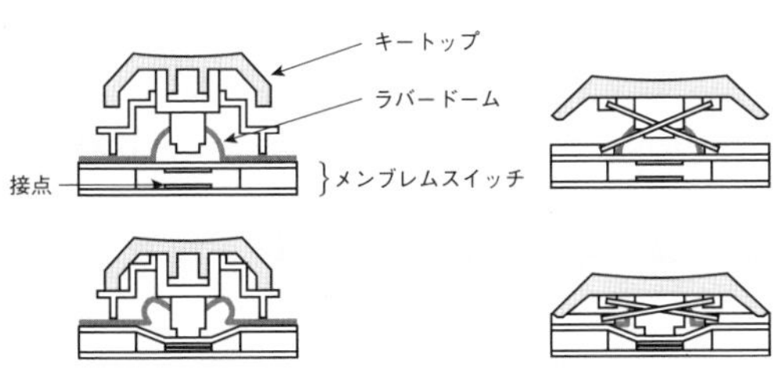

(a) メンブレム式　(b) パンタグラフ式

図3.3　キー構造

3.2　携帯情報端末の入力システム

入力操作

携帯電話はベーシックフォンからフィーチャーフォン，そしてスマートフォンへと進化し，入力方法も変化してきた．市場に出回り始めた頃の携帯電話（ベーシックフォン）は通話機能とメッセージ機能だけがついたもので，その入力は物理的に設置されたボタンを押すキー操作であった．その後に発売されたフィーチャーフォンでは，カメラ，GPS，赤外線通信，ブラウザなどの機能がつき，キー操作と十字キー（方向キー）操作が主な入力方法であった．そして，スマートフォンでは，物理的なボタン類は特殊な用途に限定して用いられるようになり，ほとんどの操作をタッチパネルでおこなうようになってきている．

指やスタイラスペンなどをポインティングデバイスとして使うインタフェースを**タッチインタフェース**（touch interface）あるいは**タッチ UI**（touch user interface）という．タッチ UI の入力操作を**ジェスチャ操作**（gesture operation）と呼ぶ．しかし，ジェスチャ操作という言葉は，身振り手振りで操作をする場合にも用いられているため，言葉が曖昧に用いられている状況にある．

現在，市販されている携帯情報端末では多くの機器が指を使って操作をするものとなっている．当初は指を 1 本しか認識しなかった（シングルタッチ）が，2000 年代に入ると複数の指を認識するようになり，マルチタッチジェスチャ操作が可能となっている（図3.4）．

シングルタッチの場合は単純でわかりやすく，ジェスチャの学習もさほど難しくはない．しかし，マルチタッチとなると，可能なジェスチャ数が増大し，ジェスチャ動作と挙動をうまく対応つけることが困難な状況が発生する．ピンチインで表示の縮小，ピンチアウトで表示の拡大というのはジェスチャ動作と挙動の対応が非常にわかりやすい例であろうが，うまく対応づけができなかったジェスチャは覚えづらく，使われないことになりがちである．

タッチパネルを使うタッチ UI では，入力部と出力部が一体化しており小型化ができる（筐体《きょうたい》が同じ大きさであれば，画面を大きくすることができる），タッチパネル上にキーに相当する UI 部品を自由に配置できる，というメリットがある．また，指での画面操作は直感的であり，わかりやすい．

しかし，デメリットも存在する．まず，タッチパネルの一点を指で正確にポイントすることが難しいため，UI 部品はある程度の大きさが必要である．これは，小型化したい携帯機器としては大きな制約となる．さらに，操作に対して物理ボタンであれば生じる触覚的なフィードバックがなく，押せたかどうかが触覚からは判断できない．このため，押したときの視覚的なフィードバックが必須となり，ユーザは入力時には画面を注視せざるを得ない．そして，タッチ UI ではパネルに触ってはじめてアクションが生じる．PC の場合はマウスオーバーによる画像の切り替え（ロールオーバー）が利用できる．ロールオーバーを使うと，クリック操作前にクリックがどのような影響を及ぼすものかを表示させてユーザに機能について知らせることができるが，タッチ UI ではタッチしないと反応しないため，事前通知をすることができない．

スマートフォンの場合は機器の持ち方によって生じる問題もある．非利き手でスマートフォンを支えて利き手の指で操作をする人もいれば，利き手で支えつつ利き手の親指で操作する人もいる．後者の場合は指が届く範囲が限られる．画面が大型化すればするほど，指の届く範囲が相対的に小さくなる（図3.5）．

スマートフォンの文字の入力には，トグル入力，フリック入力，フルキー入力（英字入力）がある（表3.1）．トグル入力とフリック入力は，フィーチャーフォンのキー配置をそのままスマートフォンで実現したものである．トグル入力はフィーチャーフォンと同じようにキーを何度かタップして入力し，フリック入力はタップした後に指を上下左右に動かして入力する．フルキー入力は，PC のキーボードレイアウトをそのまま使ったものである．スマートフォンの文字入力は HCI 課題のひとつともなっており，新しい方式の提案がいくつもなされているが，なかなか普及するまでには至っていない．

2010 年代に登場した携帯情報端末の音声入力機能は，年々精度がよくなっており，音声入力を使用するユーザも徐々に増えてきている．

内蔵センサからの情報取得

携帯情報端末には多数のセンサが内蔵されており，アプリケーションでその情報を利用することができる．センサ情報を活用することにより，開発可能なアプリケーションの幅が大きく広がる．

GPS（Global Positioning System）は，人工衛星（GPS 衛星）からの電波を受信し，時刻信号と軌道データから位置を推定するが，推定には最低限 3〜4 つの GPS 衛星からの電波を受信する必要がある．軌道データの受信には時間がかかるため，最初の位置推定までに少し時間がかかる．そこで，多くのスマートフォンでは A-GPS（Assisted GPS）も利用している．A-GPS は，通信している携帯電話基地局が利用可能な GPS 衛星の軌道データを端末に送ることにより，素早い位置推定を可能としている．

位置の推定には，GPS の他に無線 LAN（Wi-Fi）も利用することができる．GPS よりも無線 LAN のほうが精度がよく，建物の内部でも利用可能である．しかし，無線 LAN 自体が限られた場所でしか利用できないため，使えるエリアが非常に限られる．

加速度センサ，ジャイロセンサ，地磁気センサは単体でも用いられるが，組み合わせても用いられているセンサである（図3.6）．

加速度センサ（座標軸型モーションセンサ）は重力加速度を計測するセンサである．重力がどの方向にどの程度かかっているかを計測することで，端末の傾き，前後・左右・上下の 3 方向の移動，そして振動や衝撃を計測することができる．加速度センサは，例えば，端末画面の自動回転機能やシェイク機能で利用されている．アプリケーションでの利用例としては，歩数計や睡眠時の寝返りの推定などがある．

ジャイロセンサ（角速度センサ）は端末の傾きや角度，角速度を検知するセンサである．加速度センサが直線方向の動きを検出するのに対して，ジャイロセンサは回転や向きを検知する．端末を回転させたり，端末を持って自分が向きを変えたりした場合にその変化を計測することができる．VR や AR では必須のセンサとなっている．

磁気センサは地磁気を感知して方角を特定する．電子コンパスとして利用できる他，東西南北がわかるので，地図を利用するアプリケーションで利用される．

この他にも，スマートフォンには，圧力センサ，環境光センサ，指紋センサ，温度センサなど多くのセンサが搭載されている．

カ メ ラ

カメラは写真撮影に使用されるが，携帯情報端末の場合，QR コードを読み取るためにも利用されている．

QR コードは，白と黒のマス目（セル）を組み合わせて正方形にして情報（数字，英字，かな，漢字など）を表現している（図3.7）．バーコードの数十倍から数百倍の情報を扱うことができる．エラー誤り訂正に関して4種類（約7～30％復元可能）が設定されている．

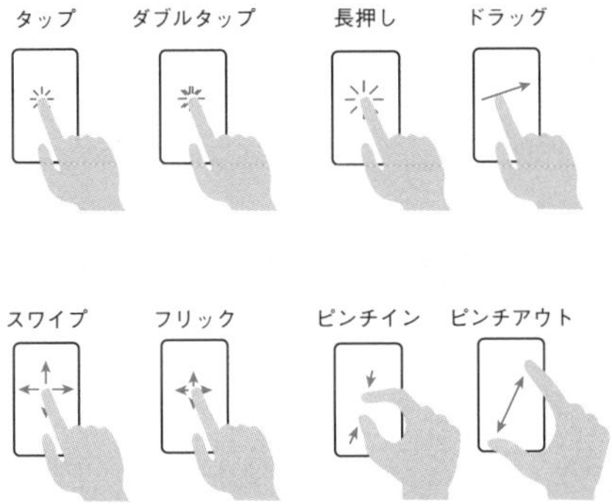

図3.4　ジェスチャ操作

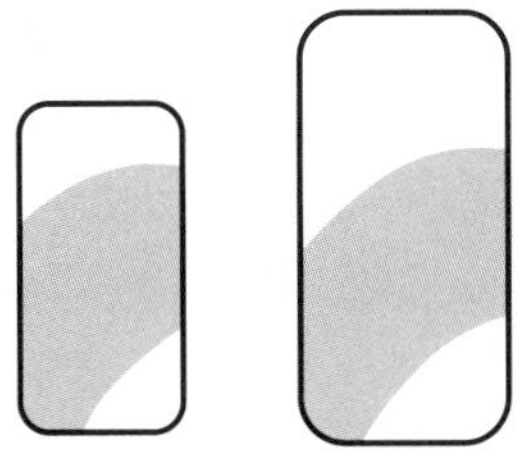

図3.5　片手持ちで親指の届く範囲

表3.1　入力方法

入力方式	長所	短所
トグル入力	フィーチャーフォンから移行しやすい	タップ回数が多い
フリック入力	タップ回数が少ない	慣れが必要
フルキー入力	英語入力は速い	間違ったキーを押してしまいがち

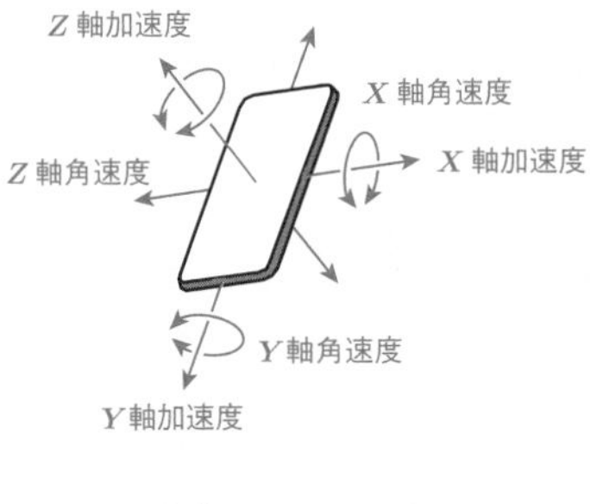

図3.6　加速度センサとジャイロセンサ

図3.7　QR コード

3.3 画像認識

画像認識（image recognition）は，**パターン認識**（pattern recognition）技術（画像や音声などのデータから一定の規則や意味を持つ箇所を抽出する技術）（図3.8）のひとつであり，静止画や動画から，文字や顔等の物体を抽出し，何が写っているのか（物体認識），どういう場面か（シーン認識）を導き出す．スキャンした文書から文字を読み取るOCR，タッチスクリーンに書いた文字を読み取る手書き文字認識，カメラ撮影時に顔を自動フォーカスする顔認識など多くの画像認識技術が情報機器への入力に使われている．

われわれ人間は，通常の状態であれば，見たものが何か，どういう場面であるのかを理解することは容易である．しかし，コンピュータで同じことを実行することは簡単ではない．人間の判断とコンピュータの判定結果の相違をセマンティックギャップという．

画像認識では以前から**テンプレートマッチング**（template matching）がよく用いられてきた．テンプレートマッチングは，検出したい物体の画像をテンプレートとして，探索対象画像全体の中でテンプレートを移動させて類似度が高い領域を見つける手法である（図3.9）．

21世紀に入った頃から，画像認識において，**機械学習**（machine learning）を用いた方法が用いられるようになった．機械学習のひとつである**ニューラルネットワーク**（neural network）は図3.10のように，学習フェーズと推論フェーズで構成されている．学習フェーズでは大量の学習データが必要となるが，インターネットを通して画像データが収集できるようになり，以前よりは機械学習を使うことが容易となってきている．

さらに2010年代にはニューラルネットワークの中間層の層数を増やした**深層学習**（**ディープラーニング**，deep learning）が広く使われるようになった．ディープラーニングには数多くの手法が提案されているが，画像認識では畳み込みニューラルネットワーク（convolutional neural network：CNN）がよく用いられている．従来のニューラルネットワークでは人間が特徴抽出設計をする必要があり，うまく重要な特徴を抽出することができるかどうかが成否のポイントであった．人間の手による特徴抽出設計は，他と識別可能な特徴を多数持つような対象であればよいが，そうでないような場合はどのような特徴を用いるとよいのか判断が非常に難しい．CNN は画像が持つ局所的な特徴を抽出する畳み込み層と局所毎に特徴を集約するプーリング層を繰り返す構造となっている．この構造により，人間がうまく特徴抽出ができないようなデータに対しても高精度な結果を出すことができるようになった．しかし，特徴抽出が自動的におこなわれかつ中間層が多層となっているため，何が特徴として抽出されているのか，特徴の意味を人間が理解することができない．画像認識プロセスがブラックボックスとなっている．

また，ディープラーニングでは，学習に膨大な学習データが必要で，これに伴って計算コストも莫大《ばくだい》なものとなる．グーグル社が開発した猫が写っている画像を見分けることができる有名なシステムは，教師なし学習と呼ばれるタイプの機械学習であるが，YouTube から抽出した 1 000 万枚の画像を学習データとして用い，学習に 1 000 台のコンピュータを用いて 3 日間かかったと報告されている [43]．

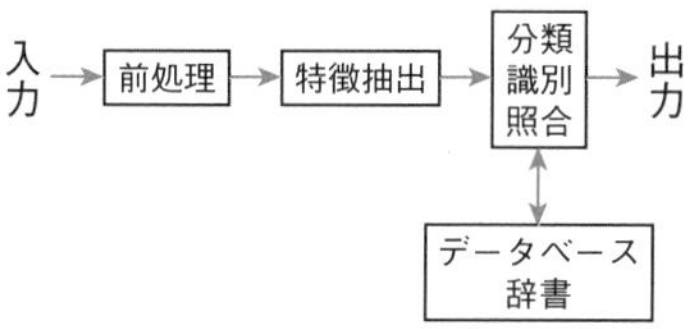

図3.8　パターン認識システム

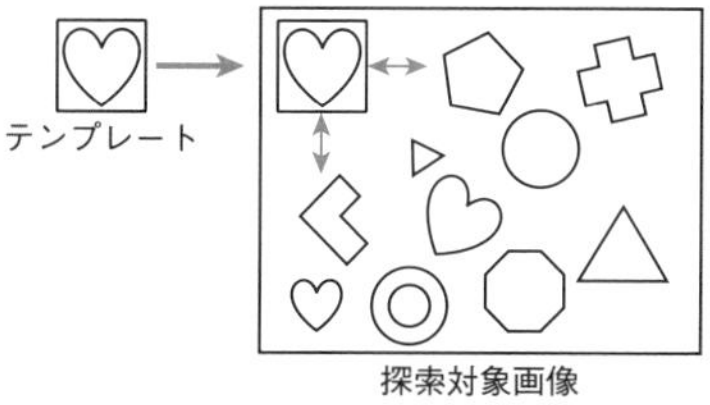

図3.9　テンプレートマッチング

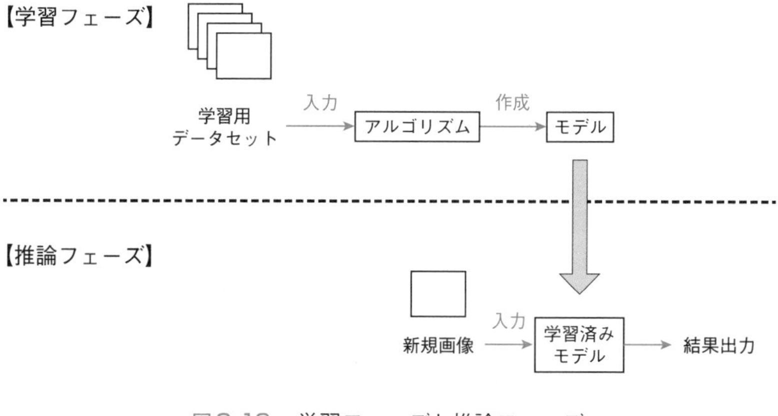

図3.10　学習フェーズと推論フェーズ

3.4 文字認識

コンピュータをよく使っている人にとっては，キーボード入力は当たり前の入力手段である．そして，日常生活において文字を書くことが減り，漢字を思い出せなくなったとか，書くのが面倒くさくなったとかと思うようになった人も多い．しかし，文字を書いて人に伝えることは，人間が古くからおこなってきたコミュニケーション手段であり，書かれた文字を読み取りたい，書いてコンピュータに文字を入力したいという要求は現在でも強く残っている．

活字や手書き文字を読み取る技術を**文字認識**（character recognition）という．画像から文字を抽出し文字データに変換する技術は**光学文字認識**（optical character recognition：**OCR**）と言われ，20 世紀初頭から研究が始まっている技術である．

一般的には図3.11 のようなステップで文字認識がおこなわれる．最初に，文書をスキャナで画像として読み込んだ場合は，その画像から，文字と写真やイラスト部分を切り分けるレイアウト解析を実施する．そして，文字領域から行の切り出し，さらに文字の切り出しをおこなう．

文字を切り出した後は，正規化と特徴抽出をおこなう．正規化は，文字の変形や大きさの不ぞろいなどに対する修正である．特徴抽出では，文字の線の方向を抽出するなどのいくつかの方式が使われている．

識別処理では入力文字と標準パターンの特徴量のマッチングをおこなう．多数ある標準パターンの中で入力文字ともっともマッチングがよかった標準パターンを認識結果とする．

最後に，知識処理をおこなう．日本語の場合であれば，カタカタの「カ」と漢字の「力」など非常に似た字形の文字は識別が難しく，マッチングだけでは間違った識別をしてしまう可能性がある．このような場合は，前後関係から識別が適切であるかどうかを判断する．

われわれが使っている日本語には，欧文よりも文字認識が難しい特徴がある．まず，日本語は，ひらがな，カタカナ，漢字など文字種が多くかつ字形が似ている文字も多い．そして，文書によっては，横書き，縦書きが混在していることもある．さらに，単語が欧文のようにスペースで区切られていないということも，文字認識にはマイナス要因である．

活字文字の認識精度は，古い文書など状態の悪いものを除いた通常の文書では非常に高いレベルになってきている．しかし，手書き文字の認識は書く人により同じ文字がさまざまに書かれるため，活字文字の認識よりもかなり精度が低下する．もし，手書き文字が精度よく認識できるようになれば，会社における定型的な事務作業の自動化を大きく推進することができるようになる．前節のディープラーニングの手法は文字認識にも使われるようになってきており，手書き文字の認識精度も急速に向上してきている．

手書き文字認識（handwriting recognition）には，オフライン手書き文字認識とオンライン手書き文字認識がある．オフライン手書き文字認識は紙に書かれた文字を読み取るような文字認識，オンライン手書き文字認識はタッチパネルなどの機器に書かれる文字をリアルタイムに読み取る文字認識である．

オンライン手書き文字認識は情報端末の入力インタフェースとしても注目されている技術である．オンライン手書き文字認識では，書字プロセスを認識に活用することができる．しかし，筆順誤りや書き直しなど，正しい書き方に基づかずに書字された場合には認識のデメリットになる．

オンライン手書き文字入力には，**スタイラスペン**（stylus）がよく使われている．現在使われているタッチパネルのほとんどは静電容量方式であり，指先がパネルに触れたときに容量結合が生じることを使って，タッチポイントを検出している（図3.12）．スタイラスペンには，パッシブ型とアクティブ型の2種類がある．パッシブ型のスタイラスは単純にペン先が指先の代わりをする．安価ではあるが，指先と同程度の接触面積が必要となるため，小さな文字の入力には適さない．一方，アクティブ型は静電気を発生させる電子回路を備えているため，ペン先を細くすることができ，小さな文字の入力が容易となる．

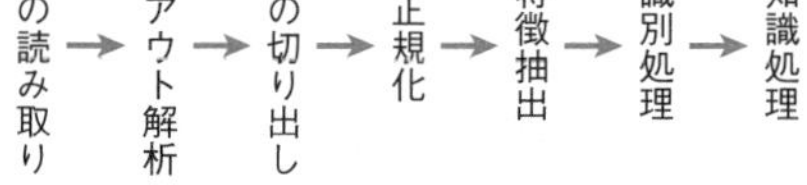

図3.11　文字認識のステップ

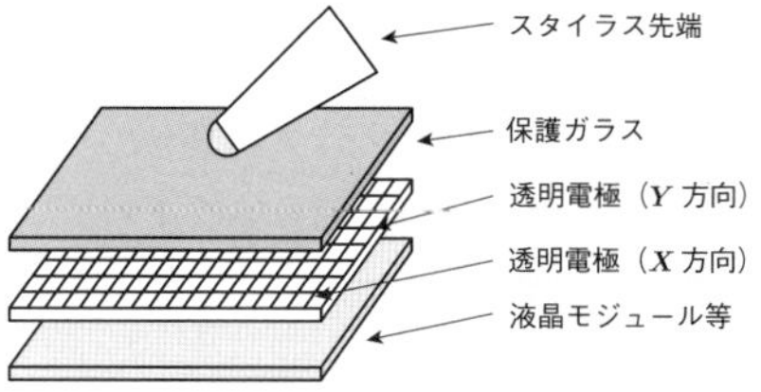

図3.12　静電容量型タッチパネル

3.5　音声認識と自然言語処理

音声UI

これまでのHCIでは，われわれは入力状況を画面で確認しながら，キーボード入力やタッチ操作をしていた．このため，画面，キーボード／タッチパネルは入力に必須のデバイスである．これらデバイスが必要であることは，これらデバイスが使える状態で手元になければならないという利用時の制約でもある．

2010年代に入って，この状況が大きく変わる兆候が見えてきた．それが音声対話システムによる音声UI（図1.4）である．音声UIは普及し始めて間もないため，今後どのように浸透していくかはわからないが，音声UIがわれわれの日常生活におけるHCIを変えていくであろうことは十分に予測できる．

初期の音声対話システムに，1990年頃にマサチューセッツ工科大学（MIT）で開発されたVOYAGERがある．VOYAGERは街（MITのあるケンブリッジ）を案内するシステムであった[44]．その後，ATIS（1990年代前半），京都市バス案内システム（2002-2003）などが開発された[45], [46]．多くの人にとって音声対話システムに触れることができるようになったのは，2011年にアップル社のiPhone 4Sに搭載されたSiri以降である（2012年日本語対応）．2012年にはNTTドコモ社も「しゃべってコンシェル」のサービス提供を開始した．その後，続々とスマートスピーカー，コミュニケーションロボット，チャットボットなどに音声対話システムは搭載され，人々の生活に浸透しつつある．

音声対話システムの性能が飛躍的に向上してきているといっても，まだ人間とまったく同じように会話ができるわけではない．われわれの会話には，省略されている言葉，あれやこれといった指し示す言葉，文脈に大きく依存した表現なども多く含まれている．こういった言語表現は，音声対話システムはまだうまく処理することができない．音声対話システムとうまく対話をするためには，ユーザがそのシステムが扱うことができる表現で発話しなければならない．

音声UIは従来のUIとはまったく異なる特徴を持っている（図3.13）．今後，UIの長所を使って，どういった場面でどのように利用するとよいのかについて考えていく必要がある．

音声認識

音声認識（speech recognition）は音声を解析してテキストに変換する技術であり，Speech-to-Text とも言われる．音声認識は図3.14のような流れで処理される．

音声認識の前処理として，雑音除去や音声区間検出がおこなわれる．そして，切り出された音声区間を10ミリ秒程度に細かく分割し，その細分化した区間を解析して音声特徴量を求める．音声は個人により特徴があり，ひとりひとり違う．音声認識では，そういった多様性を消して，「ア」なら「ア」と認識しなければならない．このため，音声特徴量は多様性の影響を受けないような指標である必要があり，過去にいくつも提案され使われてきたが，最近では，メル周波数ケプストラム係数（mel-frequency cepstral coefficient：MFCC）がよく使われている．MFCCは人間の聴覚特性を考慮した声道の共振周波数特性を表すように工夫された特徴量である．

音声特徴量を使って音声を音素（日本語では母音/a/，/i/，/u/，/e/，/o/，子音/j/，/k/，/s/，/t/など）の並びに変換するのが音響モデルである．事前に音素毎に音素特徴量の典型的な値と広がりを調べておき，入力音声がどの音素に近いか判定をする．音響モデルにはLeft-to-Right型の隠れマルコフモデルがよく使われている（図3.15）．マルコフモデルは直前の状態のみから次の状態が確率的に求まる（過去の状態とは無関係）とするモデルであるが，隠れマルコフモデルは観測されない（隠れた）状態を持つマルコフモデルである．

1つの音声区間毎に音素に変換する音響モデルをモノフォンモデルという．しかし，音声は調音結合により前後の音素の影響を受けるため，モノフォンモデルでは音声信号を正しく音素に変換することができない．そこで，前後の音素も考慮してモデル化するトライフォンモデルが使われている（図3.16）．

音響モデルだけでは誤認識が頻発する．われわれも日常会話では聞き取りにくかった言葉は話の流れで補って認識している．その役目をするのが言語モデルである．単語のつながりを評価し，日本語として自然な文となるようにする．例えば，「わたし」という音素のつながりが認識されたら，次は「は」「が」「の」が続く可能性が高いと推定できる．現在，N-グラムという言語モデルがよく利用されている．N-グラムは，単語の出現確率を直前の（$N-1$）個の単語で推定するものである．3-グラム（トライグラム）がよく利用される．

また，音声認識においても，ディープラーニングの手法が用いられている．音声認識において用いられるのは，時系列データのパターンを認識するように設計された再帰型ニューラルネットワーク（recurrent neural network：RNN）である．

自然言語処理

音声認識により音声がテキストデータとなった後は，形態素解析，構文解析，意味解析，文脈解析によって文章を処理していく．この一連の解析は，**自然言語処理**（natural language processing：**NLP**）と言われている．

形態素解析（morphological analysis）では，テキストデータを形態素（文の最小単位，単語）に分解して，品詞を決定する（図3.17）．語形変化の解析も含まれる．形態素解析は検索エンジンにも使用されている．ユーザが入力した言葉に助詞や助動詞のような検索に不要な言葉が含まれている場合には，形態素解析によりそれらを除いてから検索することで，検索の効率化を図っている．

構文解析（parsing）は係り受け解析とも呼ばれ，修飾–被修飾の関係などを元に形態素間の関係を分析する．構文解析をするプログラムをパーサという．解析結果は，図3.18のような構文木で表現する．自然言語には曖昧さが存在する．例えば，「高価なコンピュータの大型ディスプレイ」において，「高価な」は「コンピュータ」にかかるとも考えられるし，「大型ディスプレイ」にかかるとも解釈できる．

意味解析（semantic analysis）は，構文解析をした文から正しい意味を読み取る解析である．構文解析において，複数の構文木が候補として出てきたり，一つの構文木ではあっても複数の意味が読み取れる場合があり，候補を正しい解釈に絞っていくプロセスである．

文脈解析（contextual analysis）は，複数の文に対して解析をおこない，文と文の間のつながりを分析する．代名詞や指示詞など照応詞の指示対象を推定したり，省略された言葉を補うといった処理を照応解析という．

意味解析や文脈解析は高度な言語処理を必要とし，まだまだ改良の余地が多く残されている．

長所	短所
● 音声という自然な手段で対話できる.	● 他人がいる場所では使いづらいこともある.
● キーボードが使えない人も利用できる.	● 大量の情報，図などの提供はできない.
● 他の作業をしながら使える.	● 書いた文章で伝えるよりも時間がかかる.
● 携帯端末の場合は，移動しながら使える.	● 時間が経ってから再度確認することが難しい.

図3.13　音声 UI の特徴

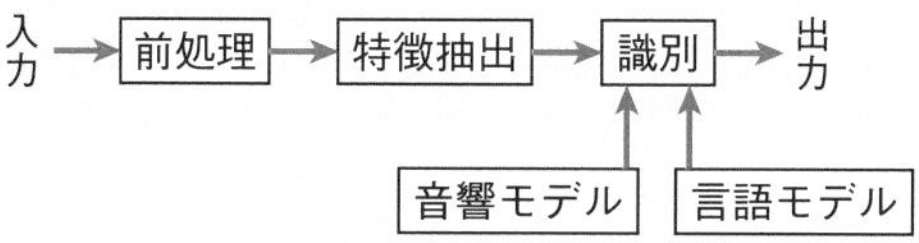

図3.14　音声認識処理の流れ

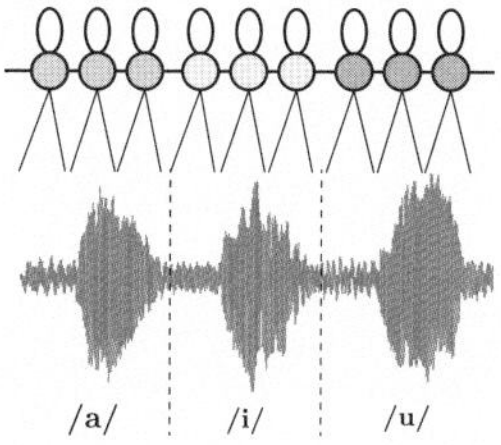

図3.15　隠れマルコフモデル

(a) モノフォンモデル	(b) トライフォンモデル	
/a/	k − a + k	前が /k/ で後ろが /k/ のときの /a/
	k − a + s	前が /k/ で後ろが /s/ のときの /a/
	k − a + t	前が /k/ で後ろが /t/ のときの /a/
		⋮

図3.16　モノフォンモデルとトライフォンモデル

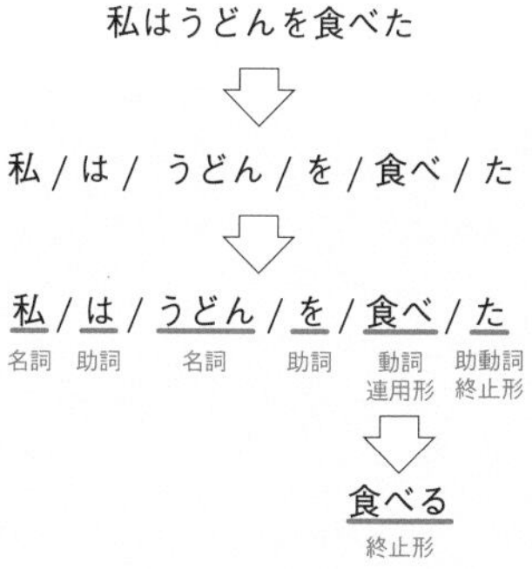

図3.17　形態素解析

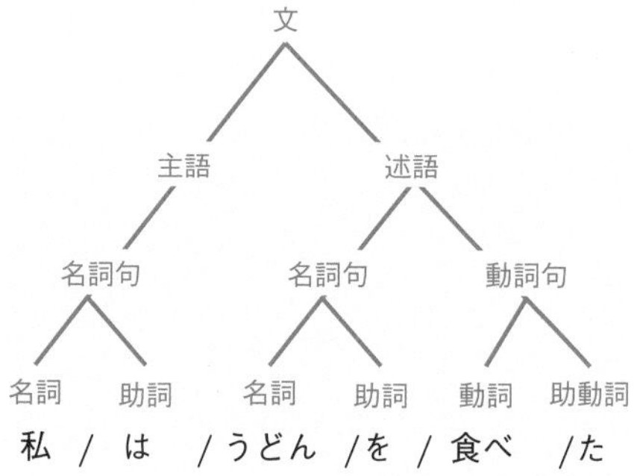

図3.18　構文木解析

3.6 モーションキャプチャ

身振り，手振り，姿勢，表情などは，ノンバーバルコミュニケーションとして，人間のコミュニケーションの中で重要な役割を持っている．こういった身体表現をコンピュータに取り込むことで，ユーザの感情や感性といった，これまでコンピュータが取り込むことができず，扱えなかったタイプの情報を活用することができるようになる．また，機器の新しい操作手段（ジェスチャ操作）としても期待が持てる．

人や動物などの動きをコンピュータに取り込む技術を**モーションキャプチャ**（motion capture）という．モーションキャプチャは，映画撮影，コンピュータゲーム作成，スポーツにおける動作解析等で用いられている．映画やコンピュータゲーム業界では，リアリティを追求するために，身体の動きと表情の変化を同時にコンピュータに取り込むことも多い．この技術は**パフォーマンスキャプチャ**（performance capture）と呼ばれ，2009年に公開された映画『アバター』で話題となった．

モーションキャプチャには図3.19や表3.2に示したような方式がある．光学式には，アクティブ型とパッシブ型がある．アクティブ型は身体につけたマーカが赤外線を発光するもので，パッシブ型はマーカが外部から照射される赤外光を反射するものである．2020年時点では，各種モーションキャプチャの中ではパッシブ型の光学式が精度，演技者の負担，使い勝手等，トータルに優れており，もっともよく使われている．しかし，光学式はオクルージョンに弱いことや，外部にカメラを数多く設置する必要があり，専用スタジオのような場所でしか計測をすることができないという問題がある．オクルージョンとは，マーカがカメラの死角に入って画像に映らないことである．オクルージョンはカメラの台数を増やすことで減らすことができるが，解消できるわけではない．アクティブ型はマーカが1つずつラベリングされているので，オクルージョンが解消された後，すぐにマーカの識別が可能となるが，マーカの小型軽量化が難しい．

本格的なモーションキャプチャと違って，Kinect や Leap Motion といった小型で安価な製品，顔や身体を撮影した動画を画像処理することで動きをデジタル化するアプリケーションが注目を浴びている．まだ通常のモーションキャプチャほどの精度はないが，あまり精度を要求しないような場合には十分に利用できる．アップル社の iOS や iPadOS の AR アプリケーション開発用 API である ARKit3 には，モーションキャプチャ機能が組み込まれている．対応している端末しか利用できないが，端末カメラで人を撮影するだけで，リアルタイムにモーションキャプチャをすることができる．今後，精度が向上していくことが期待でき，一般ユーザが身振りや表情を使って情報機器に入力することが広まっていく可能性がある．

また，動画投稿サイトの YouTube では，バーチャル YouTuber（VTuber）が人気を集めている．VTuber は，製作者が自分の顔や身体をモーションキャプチャし，2D あるいは 3D のアバタを動かして作品に登場している．顔を出さないですむために，気軽に動画を発信することができる．

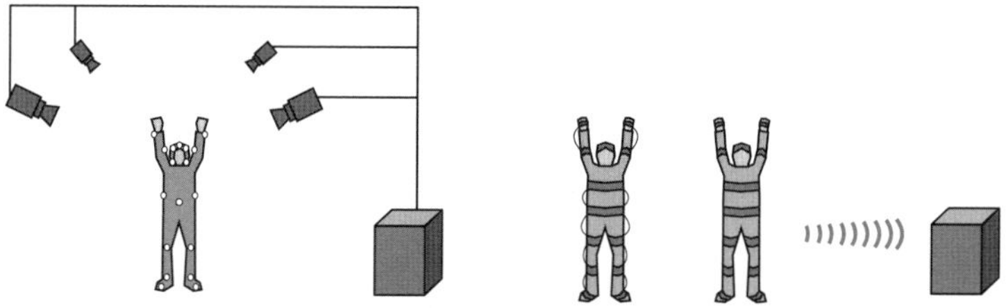

(a) 光学式　　(b) 慣性センサ式

図3.19　モーションキャプチャ

表3.2　モーションキャプチャの方式

方式	仕組みと特徴
光学式	マーカを付けた人を複数のカメラで同時撮影し，各カメラ画像におけるマーカの位置を元に位置と姿勢を計算する．精度はよいが，高価である．また，オクルージョンに弱い．
慣性センサ式	身体に装着した慣性センサ（ジャイロセンサ，加速度計）からの情報を元にトラッキングする．地磁気センサを組み込んだ製品も多い．時間経過とともに誤差が蓄積する．
機械式	身体の各関節に，角度等を機械的に計測する装置を付け，その情報を元にトラッキングする．他の方式よりも重装備となり，軽快な動きのトラッキングには向かない．
磁気式	キャプチャ空間に磁場を発生させ，身体に装着した磁気センサからの情報を元にトラッキングする．金属や電気製品の影響を受ける．

3章の課題

□**3.1** キーボード配列には過去にいろいろな配列が考案されている．QWERTY 配列がもっともよく使われるようになった歴史について調べてみよう．

□**3.2** 普段よく使っているスマートフォンやタブレット端末のアプリケーションで，どういうセンサがどのように使われているかを調べてみよう．

□**3.3** スマートフォン，タブレット端末で手書き文字入力を試してみよう．普通に筆記具で書く場合と同じように書けるだろうか．書けなければ，その理由を考えてみよう．

□**3.4** 音声対話を試してみたことがなければ，ぜひやってみよう．そして，どのような会話が可能か，いろいろと確かめてみよう．

□**3.5** モーションキャプチャを体験してみよう．

● ダグラス エンゲルバート（Douglas Engelbart）1925-2013 ●

マウスの発明者としてよく知られているダグラス エンゲルバートは，コンピュータを知能増幅（intelligence amplification：IA）装置と考えていた．彼は，ブッシュの『われわれが考えるように』を読んで感動し，その実現方法についてあれこれと模索した結果，グラフィックディスプレイを備え，インタラクティブに操作ができ，通信もできるコンピュータというアイデアを持つようになった[†].

彼はIPTOの支援を受け，1963年にスタンフォード研究所（SRI）にオーグメンテーションリサーチセンタ（ARC）を設立することができた．ARCで彼は，自分のアイデアをNLS（oN Line System）と呼ばれるシステムに実現していった．NLSはキーボード，マウス，カメラ，CRTディスプレイを入出力装置として持つシステムであり，ウィンドウ，ワードプロセッサ，ハイパーメディア，画面共有による遠隔会議，メールなどの機能を有していた．彼が1968年におこなったNLSのデモは大成功を収め，「すべてのデモの母」と呼ばれている．このデモの様子はインターネットで見ることができる．そして，1969年にはARCはARPANETの最初の4つの拠点のひとつとなり，インターネットの普及に貢献するようになった．しかし，1970年代に入ると，ARCの有力メンバたちが，新たに設立されたゼロックス社パロアルト研究所（PARC）に次々と移籍し，ARCは活力を失っていった．

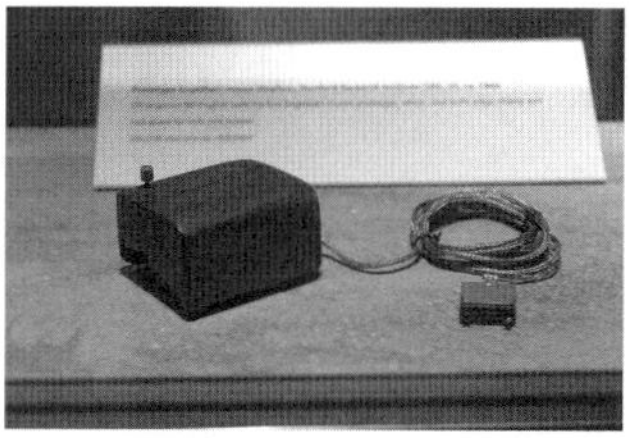

図1　世界初のマウス
（Michael Hicks (2013)，CC BY 2.0）

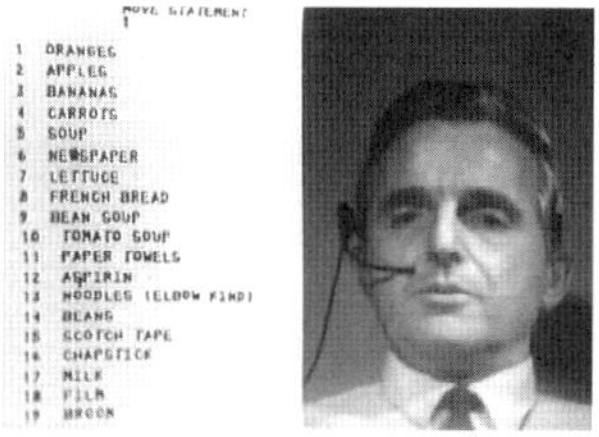

図2　NLSのデモの様子
（右の人物はエンゲルバート）

推薦動画

- NLSデモ　https://youtu.be/B6rKUf9DWRI

[†]Engelbart, D. C. (1962). A conceptual framework for the augmentation of man's intellect. SRI Summary Report AFOSR-3223. （西垣通 編著訳 (1997). 思想としてのパソコン NTT出版所収 ヒトとコンピュータの共生）

第4章

出力インタフェース

コンピュータが現在のようにわれわれの生活で広く使われるようになった要因のひとつは，GUI を採用したことであることは言うまでもない．本章ではその GUI を中心に，コンピュータの出力インタフェースについて学習する．最初にディスプレイのハードに関する部分，GUI の基本要素であるウィンドウシステム，ウェブサイトのデザイン等について理解する．その後に GUI で用いられる画像形式やコンピュータグラフィックスの基礎について学ぶ．最後に急速に技術革新が進んでいる，音声合成技術について学習する．

4.1 ディスプレイ

コンピュータの表示装置としては，古くは当時のTVと同じCRTディスプレイが使用されていた．しかし，CRTディスプレイは構造上厚みが必要で消費電力が大きいという欠点があった．このため，1980年代に現れた携帯型PC（当時，ラップトップと呼ばれた現在のノートPC）においては，薄く軽く作れる**液晶ディスプレイ**（liquid crystal display：**LCD**）が使われ始めた．その後，大型かつ解像度が高い液晶ディスプレイを低価格で作ることができるようになり，現在ではPCの表示装置としては液晶ディスプレイが標準となっている．液晶ディスプレイの方式としては，TN，VA，IPSの3方式が使われている（図4.1，表4.1）．TVや携帯情報端末では，有機ELディスプレイの普及も進んできている．

ディスプレイやデジタル画像における色情報の最小単位を**画素**（**ピクセル**，pixel）といい，1画素はR（赤），G（緑），B（青）の3色のサブピクセルからなる輝度情報で構成されている（図4.2）．RGBそれぞれに8ビット（$2^8 = 256$階調）を割り当てれば$256^3 = 16\,777\,216$色を表現できることになる．ディスプレイの精細さは，画素ピッチ（隣り合う画素間の距離）や画素密度（1インチ（25.4 mm）あたりの画素数であるppi（pixel per inch））で表す．

縦方向のピクセル数と横方向のピクセル数で，総ピクセル数が決まる．表4.2は代表的な規格である．また，画面の表示領域の大きさは画面対角線の長さをインチ数で表す．

ディスプレイが1秒あたりに画面を切り替える頻度を**リフレッシュレート**（refresh rate）といい，Hzで表す．リフレッシュレートはディスプレイ自体の画像を更新する性能である．リフレッシュレートが高いほど動画が滑らかな動きに感じる．2020年現在，ディスプレイのリフレッシュレートは60 Hz以上が標準となっている．画面が黒から白，そして黒へと切り替わるときに必要な時間を応答速度という．応答時間のほうが正しいと思えるが，慣例的に応答速度と呼んでいる．リフレッシュレートよりも応答速度が遅いと残像が感じられることになるため，リフレッシュレートがかなり高い状態で使用する場合には，ディスプレイの応答速度にも注意をする必要がある．

また，動画再生や動画生成において1秒間に何回画面を書き換えるかをフレームレートといい，fps（frame per second）で表す．フレームレートはソフトとハードを含めたコンピュータ側の性能に依存する．テレビや映画はそれぞれ30 fps と 24 fps で固定であるが，ゲームはリアルタイムで動画生成をしているため，fps は変動する．フレームレートが高くてもディスプレイのリフレッシュレートが低ければ画像更新の前に一部の画像が書き換わってしまうテアリングが生じ，逆の場合はスタッタリングと呼ばれるカクツキが生じる．

コントラスト比とは，全画面を白に表示したときの輝度（最大輝度）と全画面を黒に表示したときの輝度（最小輝度）の比である．コントラスト比が高いほど，メリハリがついた映像となり，文字や画像がくっきりと鮮明に見える．スペック表では外光がない測定条件下の数値が使われるが，実際の使用環境では太陽光や照明などの外光が存在する．このため，実際にはコントラスト比がかなり低下した状態で使用していることになる．

一定のコントラスト比（10 : 1 以上等）を確保できる範囲を視野角という．視野角には水平方向，垂直方向があるが，水平方向だけを用いることも多い．視野角が広いほど，ディスプレイを斜め方向からも見ることができる．

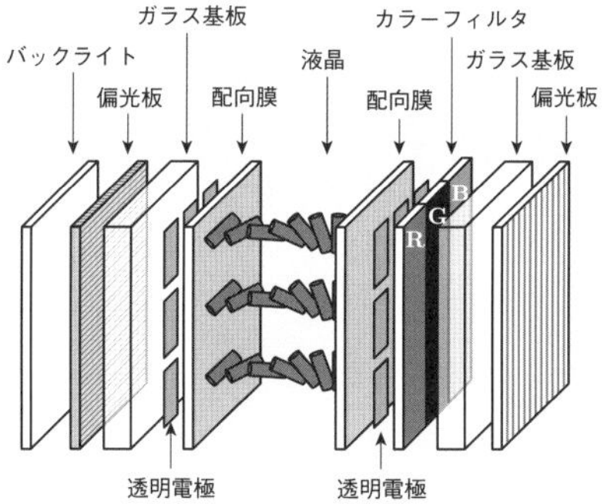

図4.1 液晶パネルの構造

表4.1 液晶パネルの比較

方式	長所	短所
TN	コストが安い 応答速度が速い	視野角が狭い
VA	コントラスト比がよい	応答速度が遅い
IPS	視野角が広い 色再現性がよい	コストが高い

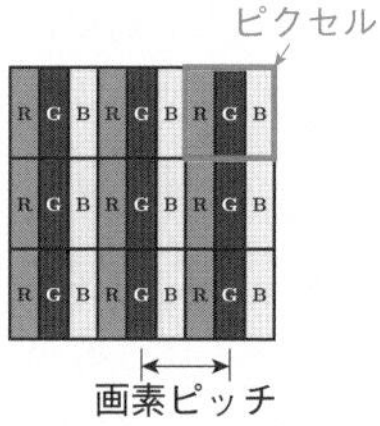

図4.2 ピクセル

表4.2 画面解像度

通称	縦（px）	横（px）	アスペクト比
VGA	640	480	4:3
XGA	1024	768	4:3
HD	1280	720	16:9
WXGA	1280	800	16:10
SXGA	1280	1024	5:4
地上デジタル放送	1440	1080	16:9
フル HD	1920	1080	16:9
4K	3840	2160	16:9
8K	7680	4320	16:9

4.2　立体ディスプレイ

3 次元映像は立体感が 2 次元映像よりも強く感じられるため，リアルで迫力のある映像表現が可能となる．立体映像を見るための装置としては，表4.3のような方式がある．メガネ型は，右眼用と左眼用の映像を提示するディスプレイが遠方にあり，視聴者がかけた比較的軽量なメガネタイプの装置で右眼用と左眼用の映像を切り分けて見せるものである．

ヘッドマウントディスプレイ（head mounted display：**HMD**）は HCI ではもっとも使われている立体映像表示装置である（図4.3）．軽量で低価格の HMD が相次いで発売され，3 次元映像に興味がある一般ユーザも購入することが増えて来ている．これらの HMD は映像パネルに高精細表示が可能な有機 EL を採用している．

HMD は非透過型と透過型（シースルー型）とに分類することができる．非透過型はコンピュータからの映像のみを見ることができるタイプであり，透過型は映像と外界の両方を見ることができるタイプである．透過型には映像と外界と合成方法により，光学式とビデオ式の 2 つの方式がある（図4.4，表7.2）．

視聴者が頭を動かしたときに，その動きに合わせた映像が表示されるようにするために，磁気センサや加速度センサ，ジャイロスコープ等により HMD の向きや傾きを計測するようにしている．さらに，外部にセンサや赤外線カメラを設置することにより，向きや傾きを高精度にするとともに，空間内における絶対座標を取得することができるようになっているものもある．

HMD はかなり高性能になってきてはいるが，重量や装着感といったものを除いても，改善が必要な点がまだいくつもある．ひとつは解像度である．HMD では画面が眼のすぐ近くにあるため，解像度が非常に高くないと網目状にピクセルが見えてしまう．これをスクリーンドア現象（網目現象）という．2 つ目は視野角である．HMD の視野角とは画像が見える範囲であり，通常のディスプレイの視野角とは意味が異なる（図4.5）．2020 年時点において多くの HMD は水平方向 100 度以上とかなり広くなってきているが，200 度程度見える人間の通常時の視野角（図2.8）と比較するとまだ不足している．リフレッシュレートも重要なスペックであり，立体映像の場合は最低限 90 Hz 程度は必要と言われている．

立体映像を見ていると，眼が疲れることがある．その原因のひとつに調節と輻輳《ふくそう》の不整合がある．通常は，見ている物体の位置に合わせて自然と調節や輻輳が生じる．しかし，立体映像の視聴時には，輻輳は表示される映像に合わせて前後左右に動くが，調節はディスプレイ付近に固定されたままであり映像に合わせて変化することはない（図4.6）．

表4.3　立体映像の方式

型	方式
メガネ型	アナグリフ 偏光メガネ 液晶シャッタ
ディスプレイ装着型	ヘッドマウントディスプレイ
裸眼型	レンチキュラ 視差バリア

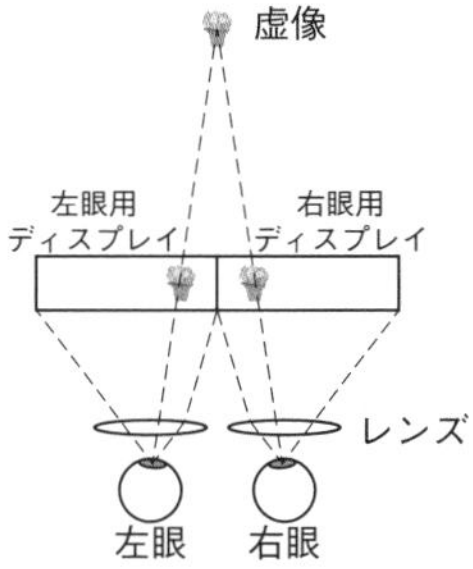

図4.3　HMD の仕組み

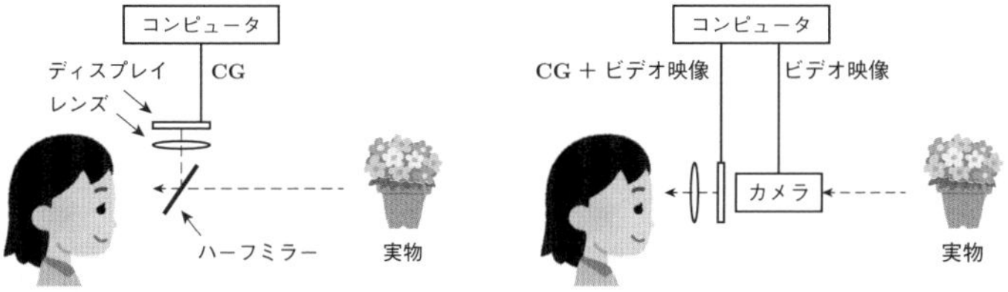

(a) 光学式透過型 HMD　(b) ビデオ式透過型 HMD

図4.4　透過型 HMD

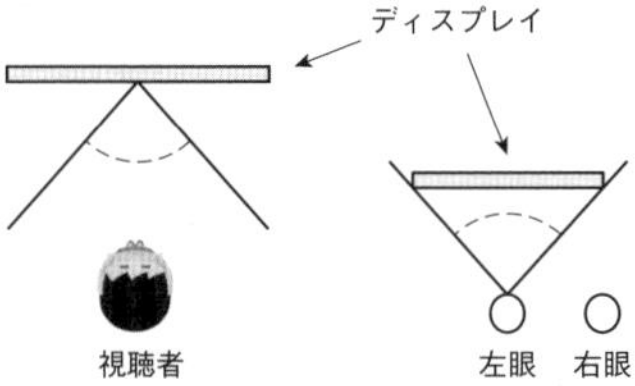

(a) ディスプレイ　(b) HMD

図4.5　視野角

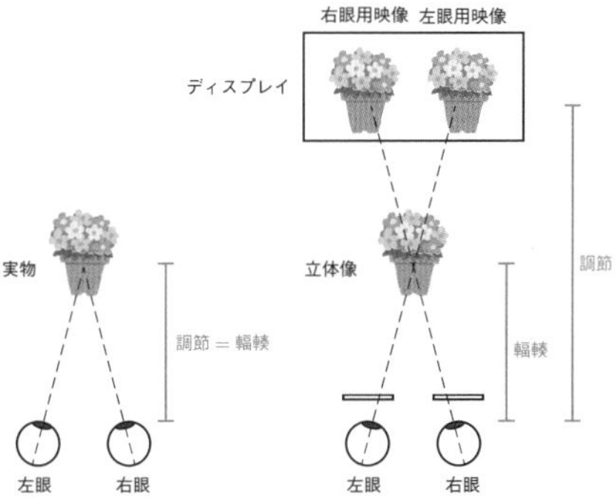

(a) 実環境　(b) 立体映像

図4.6　調節と輻輳の不整合

4.3　ウィンドウシステム

ウィンドウシステム（window system）はGUIを構成するもっとも基本的なシステムである．ウィンドウシステムは，アプリケーション起動時に1つのウィンドウを付与する．複数のアプリケーションを同時に起動することができ，加えてひとつのアプリケーションは複数のウィンドウを持つことができるため，作業時には複数のウィンドウが画面上に表示されることも多い．ウィンドウが重ならずに画面分割するタイリング型とウィンドウを重ねて表示するオーバラッピング型がある．後者では，最前面にありフォーカスを得ているアクティブウィンドウがキーボードの入力を受け付けるウィンドウとなる．背面にある非アクティブウィンドウはウィンドウ領域をマウスでクリックするなどすると最前面のアクティブウィンドウとすることができる．

ひとつのウィンドウはウィンドウ領域を示す枠（フレーム），アプリケーション名や操作アイコン（全画面表示，最小化など）があるタイトルバー，コンテンツ（クライアント領域）等で構成されている．コンテンツが表示しきれない場合には，右端や下端にスライドバーが表示され，スライドして表示領域を移動させることができる．

ウィンドウには操作のための部品が配置されている．ボタンはもっとも基本的な部品のひとつである．チェックボックス，ラジオボタン，プッシュアップボタンなど用途に合わせて多くの種類のボタンがある（図4.7）．文字入力にはテキストフォームが使われるが，入力される文字列候補が決まっている場合は，プルダウンリストが用いられる（図4.8）．

ダイアログボックスはユーザに入力を促すUI部品である（図4.9）．内部には短いメッセージと入力部品あるいは操作部品が入っており，ユーザが応答をするとダイアログボックスは消える．応答をしないと他の操作を受けつけないモーダルダイアログボックスと，他の操作を許容するモードレスダイアログボックスの2種類がある．ユーザにメッセージを読んでもらうことだけが目的のダイアログボックスは，メッセージボックスと呼ばれている．

メニューバーはアプリケーションの機能を階層構造にまとめたものであり，図4.10のようなプルダウンメニューが使われている．しかし，機能が増えると階層が深くなり，利便性が低下する．そこで，よく使用する機能をアイコンがついたボタン（コマンドアイコン）に割り当てて，画面上部に並べるツールバーが使われている（図4.11）．

デスクトップやアプリケーション内に表示されている，機能やアクション，コンテンツを表現した図記号を**アイコン**（icon）という．アイコンはユーザに意味を直感的に理解させる必要がある．そのためには伝えたい内容をうまくシンボライズして絵に表現する必要があるが，覚えやすさ，他のアイコンとの差別化も考慮しておかなければならない．

GUIではOSからアプリケーションまで，見た目のデザインや操作感が統一されている．これを**ルックアンドフィール**（look and feel）という．ルックアンドフィールはそのシステムにオリジナリティをもたらし，UXに大きな影響を及ぼす．

(a)　チェックボックス　(b)　ラジオボタン　(c)　プッシュアップボタン

図4.7　ボタン

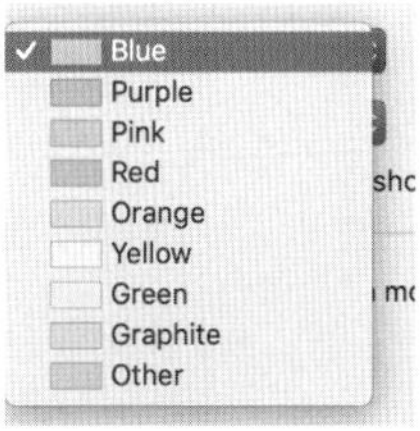

図4.8　プルダウンリスト

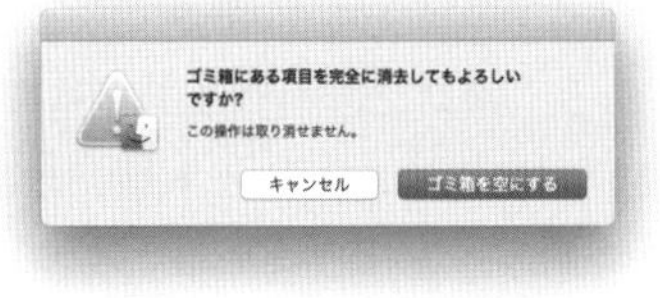

図4.9　ダイアログボックス

図4.10　プルダウンメニュー

図4.11　ツールバー

4.4 ウェブデザイン

ウェブページ

ウェブページは，1989年にティム バーナーズ = リー（Tim Berners-Lee）が開発した**HTML**（HyperText Markup Language）により記述されている．HTMLの標準化作業は，彼が立ち上げたW3C（World Wide Web Consortium）が1993年からおこなってきたが，2019年にブラウザベンダの業界団体であるWHATWG（Web HyperText Application Technology Working Group）がおこなうこととなった．バーナーズ = リーのHTMLでは文書の構造と修飾の両方を記述する仕様となっていたが，W3Cは1996年にHTML要素の修飾を指示する**CSS**（Cascading Style Sheets）を使うことを勧告した．当初はCSSに対応するブラウザがなく普及しなかったが，2000年代半ば頃から徐々にCSSがサポートされるようになっていった．その結果，文書構造はHTMLで，修飾はCSSで記述することが一般的となってきている．

ウェブページには静的コンテンツと動的コンテンツがある．静的コンテンツはブラウザからの表示要求に対してサーバはHTMLを加工せずにそのままクライアントのブラウザに送信する．このため，誰がいつ表示要求をしても同じウェブ画面が表示される．動的コンテンツはサーバ側あるいはクライアント側でプログラムを実行するため，表示要求に応じてウェブ画面は変わる．

サイト構造

われわれがウェブサイトを利用するときは，多くの場合，情報を探したり，商品を購入したりといった，何らかのコンテンツを見つけるときである．大きなサイトではコンテンツは膨大である．素早くコンテンツに到達できるかの鍵のひとつは**サイト構造**（site structure）である．適切でないサイト構造の場合は，ユーザが情報を求めてさまようような事態が発生する．サイト構造は以下の5つに分類することができるが，実際には主となる構造に他の構造を組み合わせて作成されている（図4.12）．

階層型　ウェブサイトでよく見られる構造であり，明確に上下（親子）関係があり，わかりやすく，ツリー構造とも呼ばれる．しかし，サイトの規模が大きくなり階層が深くなると，目的のコンテンツに到達するまでに何階層も移動する必要がある．また，ユーザが自分が探しているコンテンツについて理解が不十分である場合，目的のコンテンツがどのように分類されているかわからないという状況も発生する．

ファセット型　ひとつのコンテンツを宝石のカット（ファセット）のように，いくつかの観点から分類してつなげていく構造である．EC サイトで利用される構造であり，同じ商品がいくつものカテゴリ（例えば，「洋服」の場合に，価格，スタイル，色）で登録されている．

ウェブ型　コンテンツ同士が関連するコンテンツにリンクされていてウェブ（網目）のような構造を持っている．ユーザはリンクをたどって自由にコンテンツ間を移動することができるが，リンクが多すぎるとサイト内で迷子になってしまう恐れもある．Wikipedia のような情報を提供することが目的の場合は，ウェブ型は効果的である．

直線型　コンテンツが直線的につながっている構造で，重要事項をユーザに伝えたい場合や，ユーザからの問合せ受付や申込み等のフォームにおいて利用されている．この型は目標に到達するまでに，確実に必要な情報を提供するあるいは入力してもらうことが可能である．

ハブ&スポーク型　起点となる場所（ハブ）から自転車の車輪のスポークのように別のコンテンツへとつながっている構造である．例えば，マイページなどはハブの役目をするページであり，そこから各ページへとリンクされている．

ナビゲーション

適切なサイト構造を設定したとしても，大きなサイトではページ数が多く，閲覧者がサイト内を移動することが難しくなりがちである．このため，**ナビゲーション**（navigation）は非常に重要な UI となっている（図4.13）．

グローバルナビゲーションは，サイト内で共通して設置されるメニューである．ヘッダのすぐ下に設けられることが多い．ローカルナビゲーションはグローバルナビゲーションのある項目に関して，より細かな情報を提供する．グローバルナビゲーションの下あるいはサイドバーに表示されるナビゲーションである．パンくずリストは，現在のページがトップページからどういった階層になっているかを示す古くから使われているナビゲーションである．

レイアウト

ページレイアウト（page layout）は，サイトの目的によって取捨選択されるが，基本的には，カラムレイアウト，グリッドレイアウト，フリーレイアウトに分けることができる．カラムレイアウトは画面を垂直の列に区切る方法であり，図4.14のような1〜3カラムのレイアウトが使われている．グリッドレイアウトは，画面をグリッド（格子）に分割し，それらを組み合わせて構成するデザインである（図4.15）．それぞれ表4.4のような特徴がある．

ウェブページは，PCだけでなくタブレット端末やスマートフォンでも閲覧される．このとき問題となるのはブラウザの表示幅である．表示幅を固定して作成するデザインをソリッドデザインという．ソリッドデザインは設計者のイメージ通りにピクセル単位でページを設計することができる．しかし，想定した表示幅と異なるブラウザで閲覧する場合に余白が大きく表示されたり，横スクロールしないと閲覧できない状況が発生するため，デバイス毎にサイトを構築する必要がある．表示幅を自動的に可変させるデザインには，リキッドデザインやレスポンシブデザインがある．リキッドデザインはブラウザの表示幅に応じて連続的にレイアウトが変化する．一方，レスポンシブデザインは，表示が大きく変化する表示幅を設定し，スマートフォン，タブレット，PCの各デバイスに最適となるようにしたデザインである．

サイトのページレイアウトには流行がある．2020年現在では，冒頭に画面全体を覆うような大きな写真（ヒーローイメージ）を配置するレイアウトがよく採

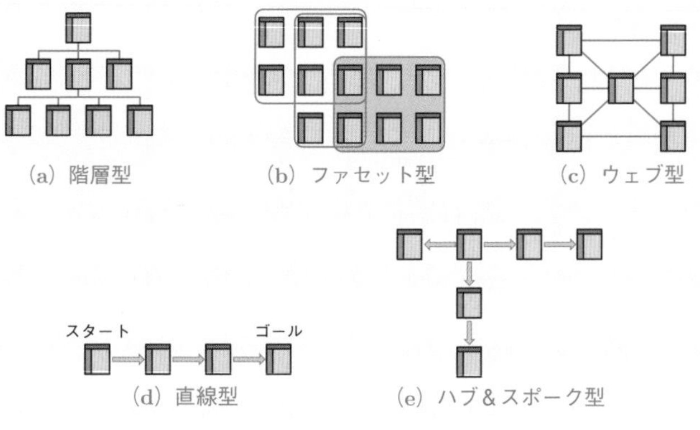

図4.12　サイト構造

用されている．これにより強烈なインパクトを与えることができる．また，このレイアウトは，レスポンシブデザインがしやすい，携帯端末で見やすい，シンプルなためわかりやすい，タッチスクリーンで操作しやすいレイアウトでもある．昔はスクロールしない閲覧者も多かったので，最初の画面に情報を詰め込むデザインが好まれた時期もあったが，ユーザは携帯端末でスクロールしながら見ることに慣れてきており，PC 画面でもスクロールすることが普通に感じられるようになってきている．情報を詰め込むよりもゆったりと配置する傾向が生まれてきている．また，フッタを充実させることも流行りとなっている．

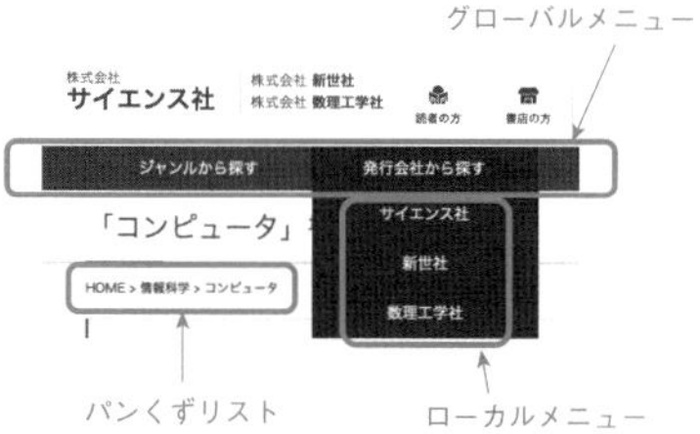

図4.13　ナビゲーション

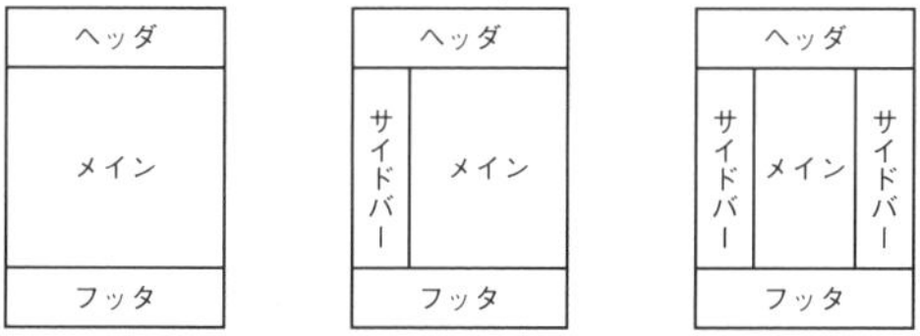

(a) 1カラム　(b) 2カラム　(c) 3カラム

図4.14　カラムレイアウト

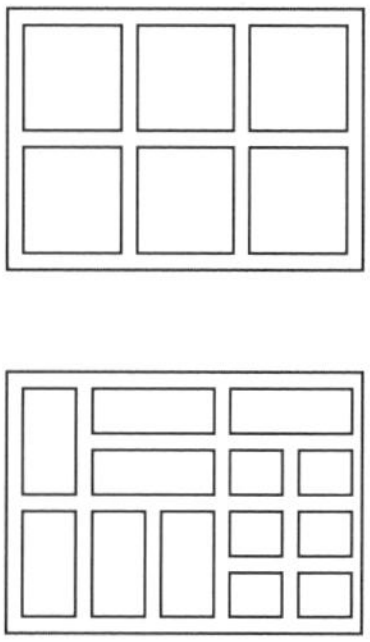

図4.15　グリッドレイアウト

表4.4　レイアウトの特徴

レイアウト	長所	短所
1 カラム	ヒーローイメージを用いることができる コンテンツに集中できる スマートフォンと同じ構成にできる	サイト全体の回遊率が低下し，直帰率が高まる
2 カラム	サイドバーで他のコンテンツが探せるため，高い回遊率が期待できる	他のコンテンツに目移りする スマートフォンに対応できない
3 カラム	多くの情報が見られる 高い回遊率が期待できる 広告等を入れやすい	煩雑な印象がある スマートフォンに対応できない
グリッド	美しく整った印象がある 更新が容易 レスポンシブデザインにしやすい	コンテンツの重要度がわかりにくい 情報量が過多となり，目移りがする
フリー	個性的なデザインが作れる	作成者にセンスが必要

4.5 GUIデザインの変遷

GUIが使われるようになった初期のGUIデザインは，コンピュータやディスプレイの能力の制約のため，白黒表現しかできなかったが，Windows3.0（1990年），Macintosh System7（1991年）からカラー化された．そして，次第に，影（ドロップシャドウ）やテクスチャ，グラデーションなどの装飾をつけて実物の模写を感じさせる**リッチデザイン**（rich design）へと進化していった．

スキューモーフィズム（skeuomorphism）は現実世界のモノの外観をそっくり模倣する説明的なデザインであり，質感や光沢感などの演出に細部にまでこだわって作られている（図4.16）．スキューモーフィズムは，モニタの表現力を生かして美しいデザインをすることができ，現実世界の模倣されたモノについてよく知っているユーザには，現実世界のモノと同じように操作すればよいので使いやすい優れた手法であった．

しかし，すべてのモノや機能を現実世界と同じようにデザインすることは困難である．加えて，そもそも現実世界にないような新しいモノや機能をスキューモーフィズムでデザインすることは不可能である．

21世紀になると，情報機器が多様化したため，コンピュータのアプリケーションだけでなく，携帯情報端末やウェブサイトも含めて，トータルにデザインする流れが生まれた．携帯情報端末は画面サイズが小さく，リッチデザインによる細部表現は潰れてしまい見えづらくなる．しかし，機器毎にデザインを最適化してしまうと，一貫性が失われてしまう．その結果，ユーザは機器毎に利用経験を積む必要が生じてしまい，全体としての利便性が低下する．

また，スキューモーフィズムデザインは日常生活を模擬することで成り立っているが，慣れてくると，現実を忠実に模倣したデザインは必ずしも必要ではないもの，かえって邪魔なものと感じられるようになってくる．

こういった事情により，2010年代前半にはシンプルな図形や要素を組み合わせた平面的な**フラットデザイン**（flat design）が注目されるようになった．フラットデザインは無駄な装飾要素を除き，ユーザが何がしたいのかを追求したデザインである．フラットデザインは，Windows8（2012年），iOS7（2013年）に採用されてから一気に主流となっていった（図4.17）．

しかし，フラットデザインは見えやすさを優先したあまりにボタンやリンクのシグニファイアが失われ直感的な操作がしにくくなった欠点があった．**シグニファイア**（signifier）とは，何か行為ができそうと思われせる手がかりのことで，ノーマンが提唱した用語である[47]．典型的にはボタンに立体感をつけることで，押せるというイメージをユーザに伝えるようにしていた．ノーマンは以前はこれを**アフォーダンス**（affordance）と呼んでいた[2]．このため，2010 年代半ば以前の書籍ではアフォーダンスが使われている．アフォーダンスはデザイン領域で広く使われるようになり，GUI デザインにおいても採用されていた．正確にはシグニファイアはアフォーダンスの手がかりを与えてくれる部分をいう．

フラットデザインの問題点を解消するために，メニューやボタンなどの操作上の重要要素には少し装飾をつけ立体感を持たせたデザインが注目されるようになり，フラットデザイン 2.0 と呼ばれている．グーグル社が提唱したマテリアルデザイン（2014 年）（図4.18），マイクロソフト社の Fluent Design System（2017 年），アップル社が iPhoneX から採用した Fluid Interface（2018 年）などがその例である．

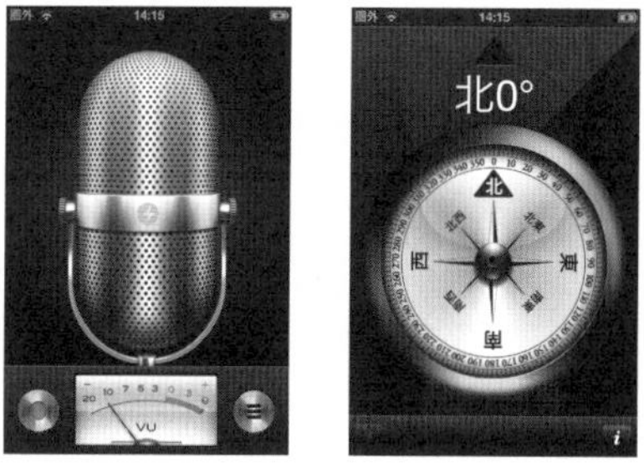

図4.16　**スキューモーフィズム（iOS 6）**

(a) スキューモーフィズム　(b) フラットデザイン

図4.17　**スキューモーフィズムとフラットデザイン（iOS 6 と iOS 7）**

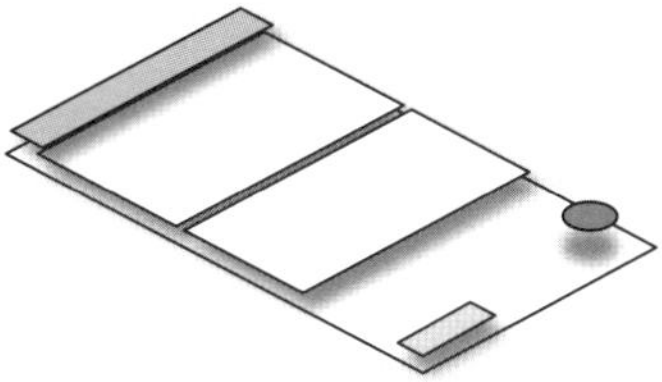

図4.18　**マテリアルデザイン**[48]

4.6 デジタル画像とコンピュータグラフィックス

デジタルカメラで撮影した画像は，個々の撮像素子に入る光を量子化して作成したデジタル画像である．デジタル画像における画素（ピクセル）の光量や色の情報を画素値という．640×480画素の画像の場合は1画素あたり256段階（ビット換算すると8）で濃淡を表現した白黒画像は，640×460×8 = 2 457 600ビット（307 200バイト）のデジタルデータとなる．RGBのカラー画像の場合は，データ量はその3倍となる．デジタル画像はデータ量が大きくなりがちであるため，圧縮して保存されることが多い．表4.5は代表的な画像ファイル形式である．

コンピュータグラフィックス（computer graphics：**CG**）は，コンピュータで作成した画像であり，2次元CGと3次元CGがある．

2次元CGは2次元平面に画像を描画しディスプレイに表示するもので，図形の表現方法にラスタ形式とベクタ形式がある（図4.19）．両者には表4.6の違いがあるため，使い分けが必要である．**ラスタ形式**（raster format）は画素毎に色を定める方法であり，画像はピクセル（ドットマトリックス）単位のデータとして保存される．表4.5の画像ファイル形式はラスタ形式である．一方，**ベクタ形式**（vector format）は図形を始点，終点，曲率などの特徴をデータとして持つ．ベクタ形式は画質を劣化させることなく拡大縮小が可能である．形式としてSVGがある．ディスプレイはラスタ形式なので，ベクタ形式の図形はディスプレイに表示するときにラスタ形式に変換している．この作業をラスタライズという．

3次元CGは，モデリングとレンダリングの2つの過程を経て描画される．**モデリング**（modeling）は，物体の3次元形状を作成するもので，線だけで立体を表現するワイヤーフレームモデル，面によって立体表現をするサーフェスモデル，物体の内外の情報を持つソリッドモデルなどがある（図4.20）．サーフェスモデルは中身が空の張り子であるが，隠線処理，隠面消去処理が可能である．ソリッドモデルは中身が詰まっているため，断面を正確に表現することができる．

レンダリング（rendering）は，モデルを元に描画していく処理であり，透視投影，隠面消去，シェーディング，エフェクト付加のプロセスがある．透視投影は，3次元モデルを2次元平面に投影する．隠面消去は，手前の面に隠れる面を見えないようにする．シェーディングは，明暗のコントラストをつけて立体感を与える．エフェクト付加は，テクスチャを貼り付けて質感を付与する．

できるだけリアルにするためには，モデリング，レンダリング共に詳細に作り込む必要があり，作成に膨大な時間とコストがかかる．そしてアニメーションで動かそうとすると表示にも時間がかかる．しかし，VR のような場合は，リアルタイム性が重要である．そこで，実際の画像からモデルを作成しレンダリングをする手法がある．イメージベースモデリング，イメージベースレンダリングという．

表4.5　画像ファイル形式

形式	特徴や用途	色数	圧縮
GIF	データサイズが小さい Web ページのロゴやボタン等	256 色	不可逆圧縮
JPEG	圧縮率を指定できる CMYK をサポート デジカメ写真	1677 万色	不可逆圧縮
PNG	透過処理 Web ページ向け	1677 万色	可逆圧縮
TIFF	スキャナ，印刷 データサイズが大きい	1677 万色	非圧縮
BMP	Windows 標準 データサイズが大きい	1677 万色	非圧縮

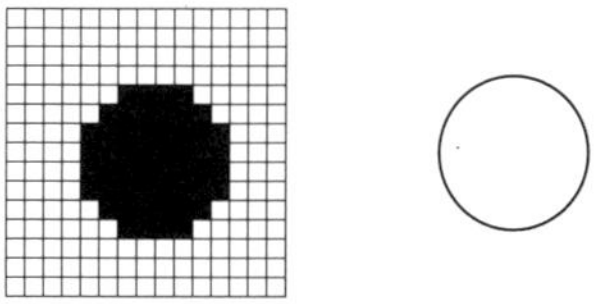

(a) ラスタ形式　(b) ベクタ形式

図4.19　ラスタ形式とベクタ形式

表4.6　ラスタ形式とベクタ形式

形式	特徴
ラスタ	点の色データの集まり 写真や複雑な図形向き
ベクタ	数値データで表現 拡大や縮小に適している 単純な図形やイラスト向き テキストデータであり，ハイパーリンクを埋め込むなどの編集作業ができる

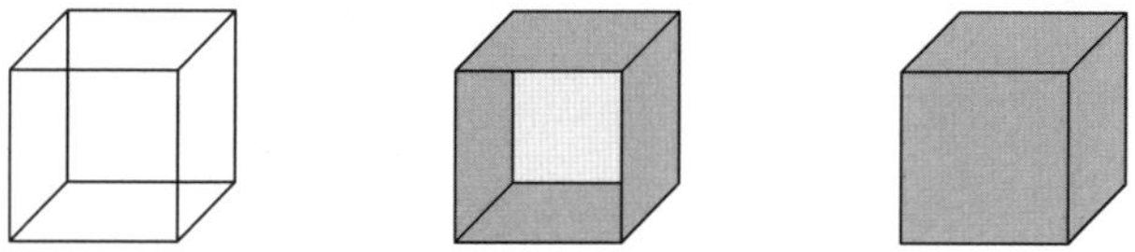

(a) ワイヤーフレームモデル　(b) サーフェスモデル　(c) ソリッドモデル

図4.20　3 次元形状のモデル

4.7 応答文生成と音声合成

対話システムには，道案内や予約のような特定の利用場面に特化したタスク指向型と雑談のような利用場面が漠然としか特定できない非タスク指向型がある．タスク指向型対話システムでは，ユーザは何か目的を達成しようとしてシステムを利用するため，システムはユーザの目的が効率的に達せられるように対話を進めていかなければならない．一方，非タスク指向型対話システムでは，ユーザはシステムとの対話そのものを求めているため，対話が楽しめるようなアレンジが必要となる．

タスク指向型対話では，扱う内容や使われる文型はある程度限られている．チケットの予約システムであれば，予約に必要な情報を順に尋ねることで対話が成り立つ．このため，定型的なルールベースで問いかけ文を作成することができる．コールセンターのような問合せ対応のシステムの場合はユーザからの問いかけが先となるが，その場合も，ユーザの問合せ内容は事前にある程度想定することができるため，応答文をルールベースで作成することができる．

非タスク指向型システムの場合は，応答内容や応答文型も多岐にわたるため，ルールベースでは対応が困難であり，機械学習を用いて大量のデータを元に応答文を作成する方法を中心に研究開発が進められている．2015年に日本マイクロソフト社が開発したコミュニケーション型チャットボットである「女子高生AIりんな」は，マイクロソフト社の検索サービス「Bing」にあるビッグデータを使って女子高校生らしい会話になるように応答文が作成されている．

任意のテキストから対応する音声を人工的に作り出す技術が**音声合成**（speech synthesis）であり，Text-to-Speechとも言われる．昔に比べると自然な聞き取りやすい音声を合成できるようになり，かなり普及が進んできている．波形接続音声合成方式と統計的パラメトリック音声合成方式が代表的な方法である．

波形接続音声合成方式（concatenative speech synthesis）は，音声を音節や音素などの短い区間に切ってコーパス（テキストと音声を大量に集めたデータベース）に保存しておき，テキストに合わせて適した区間をコーパスから取り出し組み合わせて，音声を作り出す（図4.21）．人間の音声を元にしているので自然に聞こえる音声を合成しやすいというメリットがある．しかし，多様な声質の自然な音声を合成するには大規模な音声データベースを構築する必要があることや，感情をつけるなどの加工が難しいことなどの課題がある．

統計的パラメトリック音声合成方式（statistical parametric speech synthesis）は，コーパスを元に音響モデル（テキストと音声の関係を表現した統計モデル）を構築し，テキストに対応する音声を音響モデルから予測して音声合成をおこなう（図4.22）．音響モデルには隠れマルコフモデルがよく用いられている．隠れマルコフモデルを用いる利点は，比較的容易に多様な声質の音声合成が可能であることである．しかし，音声の品質は波形接続音声合成方式よりも劣るとされている．

音声合成の分野でもディープラーニングを用いた手法が注目を集めている．2016 年にグーグル社のグループ企業であるディープマインド社（DeepMind, AlphaGo 開発元）が発表した WaveNet は従来の音声合成と比較して遥かに高品質な音声合成を実現している[49]．WaveNet は畳み込みニューラルネットワークの一種であり，統計モデルを使わずに，音声信号を直接モデリングしている．

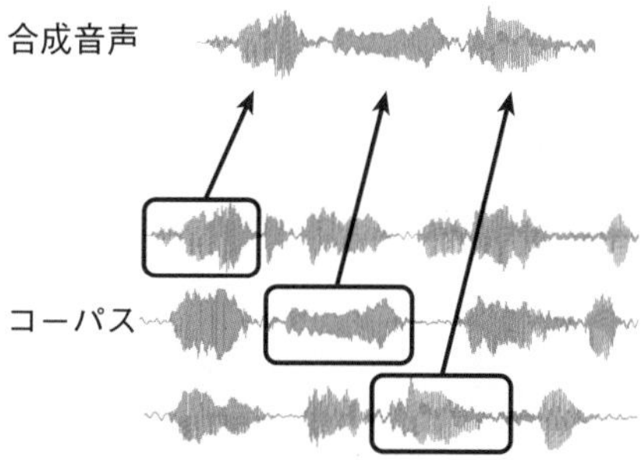

図4.21　波形接続音声合成方式

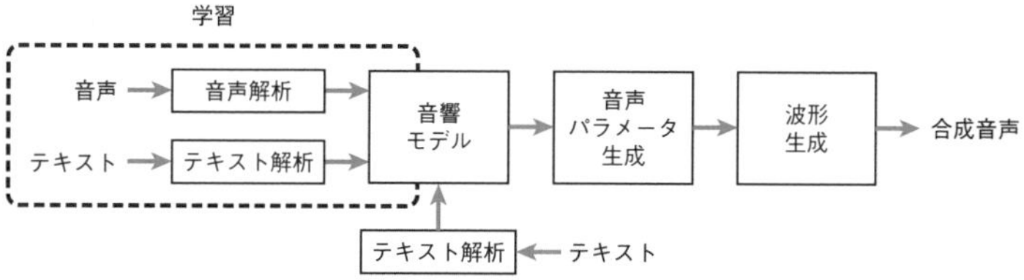

図4.22　統計的パラメトリック音声合成方式

4章の課題

□**4.1**　市販されているディスプレイの仕様を調べてみよう.

□**4.2**　UI部品には，ハンバーガーメニュー，カルーセルなどさまざまなものがある.これらやその他のUI部品がどういうものが調べてみよう.

□**4.3**　ウェブデザインについて研究をしてみよう．普段よく使っているサイトがどのようになっているのか，デザイン性が優れていると言われている会社のHPはどうなっているのか検討してみよう.

□**4.4**　フラットデザイン2.0と総称される新しいデザインについて調べてみよう.

□**4.5**　3次元CGが作成できるソフトを使ってみよう．3次元CGについて学ぶと共に，使用したソフトのUXについても考えてみよう.

□**4.6**　音声合成サンプルをネットで探して聴き比べてみよう．どのくらい自然に感じられるだろうか.

● アイバン サザランド（Ivan Sutherland）1938- ●

アイバン サザランドの指導教官はクロード シャノンであり，サザランドはシャノンの最後の弟子であった．彼は，MIT に提出した博士論文の研究で，スケッチパッドと呼ぶ対話型のコンピュータグラフィックスシステムを作成した（図１）（1963 年）[†]．彼は論文で，スケッチパッドは人間と機械のコミュニケーションの新領域を開拓すると書いているが，実際にスケッチパッドが拓いた領域は HCI に大きな発展をもたらした．スケッチパッドは，リンカーン研究所の TX-2 でしか稼働しない特殊なシステムであったが，ペン型のデバイスとボタンを使ってディスプレイ（7 インチ $\times$ 7 インチ，1024 $\times$ 1024 ラスタ）に図形を書くことができ，さらにその図形に対してさまざまな操作を加えることができた．スケッチパッドも第 1 章のコラムで紹介したブッシュのメメックスに触発されて構想されたシステムである．

サザランドはリックライダーから IPTO における後任に指名され，コンピュータネットワークの開発等に尽力した．また，ユタ大学在籍時（1968 年）に発表した「ダモクレスの剣」と呼ばれるトラッキングシステムを備えた HMD システムは，現在の HMD の源流となるものであった（図２）[††]．

図１　スケッチパッド

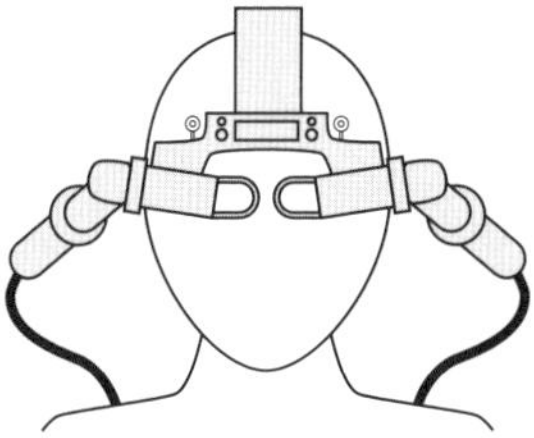

図２　サザランドの **HMD**

推薦動画

- スケッチパッド　https://youtu.be/hB3jQKGrJo0

[†]Sutherland I. E. (1963). Sketchpad: A man-machine graphical communication system. *Proceedings Spring Joint Computer Conference*, 507-524.

[††]Sutherland I. E. (1968). A head-mounted three dimensional display. *Proceedings of AFIPS 68*, 757-764.

第5章

インタラクションの設計

本章と次章では，インタラクティブなシステムを作成するための基本を学習する．どのようなインタラクティブシステムの設計が望ましいかは，ユーザ，利用目的，利用状況などのさまざまな要因によって変わるものであり，これこれであるとは言うことができない．本章では，最初に，インタラクティブシステム設計でもっとも使われている，人間中心設計について学ぶ．人間中心設計は，開発のさまざまな段階においてユーザ視点を入れていく手法，繰り返しを入れていく手法である．人間中心設計には，利用状況の把握および明示，ユーザ要求事項の明示，ユーザ要求事項を満たす設計案の作成，要求事項に対する設計の評価という 4 つのステップがある．本章では，最初の 3 つのステップについて学ぶ．

5.1　人間中心設計

PCがGUIを採用することによって広く使われることになったこと，スマートフォンが爆発的にヒットしたことなどからわかるように，人々が使うようになるかどうかはインタフェースに大きく依存する傾向が高まってきている．

インタフェースの良し悪しは使う人のことを考えて設計しているかどうかで決まる．言葉では簡単であるが，使う人を理解することそしてその知見を元に設計し実装することは，実際には非常に難しい．

人間中心設計（human-centered design：**HCD**）は，ユーザ視点を開発の各段階においてどのように取り込むかに重点を置いた設計手法である．HCDは，JIS Z 8530「人間工学—インタラクティブシステムの人間中心設計」において規格化され，原則（図5.1）や要求事項などが示されている[10]．

開発プロセスにHCDを導入することで，すべてのユーザおよび利害関係者に多くの利益が見込まれる．具体的には，まず，生産性，ユーザビリティ，アクセシビリティ，UXを向上させることができる．その結果，ユーザの不満が少なくなり，サポート経費等を削減することができる．さらに，商品イメージ，ブランドイメージが向上し，次の購入へとつながっていく．

図5.2はHCDに含まれる各活動の相互依存性を示したものである[10]．図中の破線の矢印は，評価の結果，ユーザ要求事項に適合しなかった場合に適切な箇所に戻ることを示しているが，HCDでは，この戻りによるプロセスの繰り返しは非常に重要な手続きとなる．表5.1には各活動でよく用いられている手法を示したが，活動と手法の対応は厳密ではなく，手法によっては必要に応じて他の活動においても使われている．

利用状況の把握および明示　どのようなユーザがどのような場においてどのように利用するのかを調査し明確にする．活動の最初の段階であり，利用状況を間違えて捉えてしまうと，この後の活動がまったく無意味となる．タスクの分析および利用環境の調査も必須の事項である．

ユーザ要求事項の明示　どのような機能が必要であるかを考えて，まとめる．要求事項の間に競合が生じる場合は，優先順位をつけるなどして解決する．この段階において，ユーザや利害関係者に参加してもらうことで，お互いの認識のズレが解消され，開発の方向性を定めやすくなる．

ユーザ要求事項を満たす設計案の作成　ガイドラインや規格を参考にしつつ，要求事項を満たす設計をおこなう．このとき，プロトタイプを作成してユーザや他の利害関係者に見せると，有益なフィードバックが得られやすくなる．

要求事項に対する設計の評価　評価には，専門家がユーザの立場に立って評価する専門家評価／インスペクション法，ユーザに使用してもらうユーザテスト／ユーザビリティテストの2タイプがある．専門家による評価は費用対効果に優れており，ユーザテストに先立って実施する．

1. ユーザ，仕事内容，環境について明確に理解して設計する．
2. ユーザが設計と開発の全体に渡って関わる．
3. ユーザが中心となった評価に基づいて設計し改良する．
4. プロセスは繰り返して実施する．
5. ユーザエクスペリエンスを考慮して設計する．
6. 設計チームは多様な技能や視点を持った人々で構成する．

図5.1　HCDの基本原則

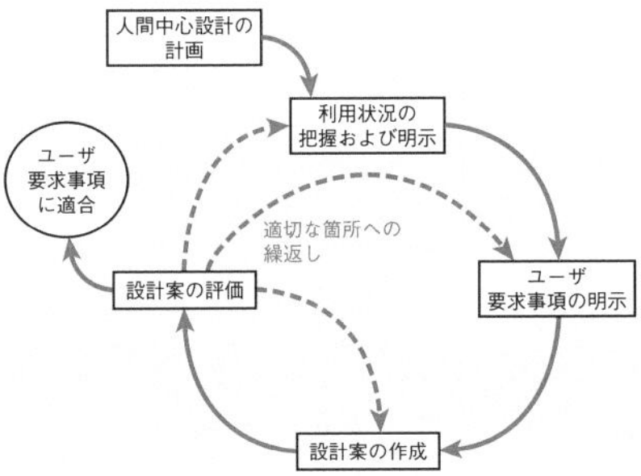

図5.2　HCD活動の相互依存関係

表5.1　HCD活動における代表的手法

活動	手法
利用状況の把握および明示	アンケート調査，インタビュー，行動観察，フィールド調査，エスノグラフィ，日記調査
ユーザ要求事項の明示	ブレーンストーミング，KJ法，ペルソナ，シナリオ，カスタマージャーニーマップ，ストーリーボード，ペーパープロトタイプ，ワイヤーフレーム
設計案の作成	規格，ガイドライン，原則，モックアップ，プロトタイプ
設計案の評価	専門家評価／インスペクション法，ユーザテスト／ユーザビリティテスト

5.2　利用状況把握

新規システムの開発であれば，最初に，どういった人たちがどのように利用すると期待できるのかを明確にする必要がある．既存システムの改良であれば，現在のシステムを利用しているのがどういったユーザであり，ユーザがどのように利用しているかを調べる必要がある．これらの調査をおこなうのが**ユーザ調査**（user survey）である．ただ，ユーザ調査という用語は，ユーザについて調査をする場合だけでなく，ユーザにシステムを使ってもらい意見を求めたり操作具合を観察したりする場合も含めて用いられることもある．

ユーザ調査の方法としては，定性的調査と定量的調査がある．両者の違いは収集するデータが数値化できるかどうかであるが，両者は狙いや特徴がまったく異なるもので，目的に応じて使い分ける必要がある（表5.2）．

定性的調査の代表例にインタビューと観察法がある．**インタビュー**（interview）には，個人毎にインタビューをする形式（デプスインタビュー）と数人のユーザを集めて座談会のような形でインタビューする形式（グループインタビュー）とがある．

デプスインタビューをする場合は，ユーザとの親密な関係（ラポート）をうまくとることができれば，丁寧に質問を重ねてじっくりと意見を聞き出すことができる．デプスインタビューでは，表情，話し方，間のとり方などの言葉として記録されない事項も重要な情報として利用できる．人は理由があって意図的に言葉にしないこともあるし，本人も本当の気持ちに気がついてなくて言葉にできないこともある．優れたインタビューアは，これらの情報をうまく拾って質問を続け，最終的に本音の部分を聞き出すことができる．デプスインタビューはインタビューアの能力に特に大きく依存する上，時間とコストがかなりかかるという欠点がある．

グループインタビューの場合は，堅苦しくない雰囲気を作りやすく，短い時間でさまざまな意見を得ることができる．しかし，発言力のある参加者が話題をリードしてしまい，その他の参加者が自分の考えを発言しにくい場合があること，意見に対する深堀りがしにくいことなどが指摘されている．

観察法（observation）は，実際場面においてユーザの行動を観察し，その背景にある心理状態を推定する手法である．自然な状態で観察をする自然観察法と何らかの場面設定をして観察をする実験観察法とがある．実験観察法は，観察者が何も関与しない非参与観察法と観察者が質問をしたりして関わる参与観察法とに分けることができる．

観察法に関しては観察者バイアスが知られている．観察者バイアスとは，観察できると観察者が期待している行動が特に目についてしまうバイアスである．その結果，調査は観察者の当初の考えを正当化するような偽の証拠を与えるものとなってしまう．観察法の場合は，行動パターンを明確に定義でき，ある程度のデータを収集できれば，行動パターンの発現を数値化し定量データとして統計処理をすることも可能である．

定量的調査の代表例は質問紙による**アンケート調査**（questionnaire survey）である．インターネットを使ったネット調査は，従来のアンケート調査と比較して経費があまりかからずかつスピーディに実施できるため，活用例が増えてきている．アンケート調査は，ワーディング（言い回し），回答形式，質問の順番等による影響を受けやすい．図5.3 にワーディングの注意事項，表5.3 に回答形式を示した．また，回答項目が多いと回答率が低下するため，事前調査等で適切な項目数に絞る必要がある．調査で得られたデータは第 6 章で説明する統計解析を実施して，その結果の有効性を確認する．

表5.2　定性的調査と定量的調査

	定性的調査	定量的調査
アプローチ	発見的	検証的，状況把握的
調査対象者数	少ない	多い
形式	現場で柔軟に調整をすることが多い	事前に決めた手順・内容を実施する
強み	調査者が想定できなかった情報が得られる	統計処理によるエビデンスが得られる
手法例	インタビュー，観察法 アンケート調査（自由回答項目）	アンケート調査（選択項目） アクセス解析，パフォーマンステスト

- 回答者が理解できる言葉を使う．
- 1 つの質問では，1 つの事項についてのみ尋ねる．
- 文を簡潔にする．
- 曖昧な表現を使わない．
- 誘導するような表現は使わない．

図5.3　ワーディングの注意事項

表5.3　回答形式

回答形式		説明
選択項目		あてはまるものを選択する
	単一選択	選択肢の中から 1 つだけ選択する
	複数選択	あてはまるものをすべて選択する
	リッカート尺度	3～7 段階で回答を選ぶ
自由回答項目		自由に意見を記述する

5.3　ユーザ像と課題の明確化

万人の好みに合うようにと考えて作られた製品は，逆に誰にとっても不満な製品となってしまうことになってしまう傾向がある．また，開発の段階において，開発チームが自分たちに都合のよいユーザ（ゴムのユーザ）を設定してしまうこともある[50]．このようなことを防ぐためには，ユーザ像の明確化が必要となる．

ユーザの分析によりユーザに関するさまざまな知見を得ることができるが，そのままでは設計に活かすことができない．ユーザの分析結果を活用するには，ユーザの特徴やニーズをモデル化していく**ユーザモデリング**（user modeling）が必要であり，そこではペルソナやシナリオが使われる．

ペルソナ（persona）はユーザを代表する架空の人物であり，シナリオはペルソナの振る舞いを記述した台本である（図5.4）[51]．ペルソナは主役のペルソナと脇役のペルソナを数体，作成する．

次にカスタマージャーニーマップやストーリーボードを作成し，ペルソナが製品をどのように使うのかについてのシミュレーションをし，ユーザがスムーズにゴールに到達できる道筋について検討する．カスタマージャーニーマップは図5.5のように，ユーザの行動や思考，製品側のアクションを製品利用の流れに合わせて記したものであり，ストーリーボードはユーザが目的を達成するための作業で体験することを順に絵コンテにしたものである（図5.6）．

山崎　優子（21 歳） （家族からはゆうちゃん，友達からはゆう）		
プロフィール	私立大学経済学部の 3 年生． 東京三鷹市で両親と三人暮らし．	
生活	サークルには入っていない．コンビニで週 2 回バイト．彼氏募集中．休日は友達と遊びに行ったりもするが，平日の暇な時間は，ネットで好きなアニメや声優の情報を集めたりして過ごす．年に 2 回程度，友達と 1 泊 2 日か 2 泊 3 日程度の旅行に出かける．まだ漠然とであるが，将来は，出版社・メディア関係の仕事につきたいと考えている．	
行動シナリオ	デジカメ購入の場面．デジカメは昔，買ってもらったけど，今では不満．あまり高くなければ，新しいデジカメに買い替えたいと思っている．持ち物にこだわるほうなので，持ち歩いたときのデザインを重視して選びたい．できるだけ簡単にきれいな写真が撮影できるものがいい．国内有名メーカがいい．購入者の意見も参考にしたいが，信ぴょう性に不安も感じている．	
ゴール	予算の範囲内でデザインを重視して比較し，さらに購入者の意見も参考にして，選びたい．	

図5.4　ペルソナとシナリオ

ペルソナ	山崎優子　女子大生 　かわいいデザインで，簡単にきれいな写真がとれる小型軽量なデジカメがほしい．			
フェーズ	認知	比較検討	購入	評価
タッチポイント	● EC サイト ● 雑誌広告 ● SNS ● 実店舗 ● 街中	● ネットで広く情報収集 ● EC サイトで情報検索	● EC サイトで購入	● EC サイトのレコメンドに投稿 ● SNS に書き込み
思考・感情	● 今持っているデジカメ，デザインが古くてかっこ悪い． ● 新しいデジカメで撮影すると，もっといい写真がとれるかなあ． ● どうしようかなあ．	● 手頃な値段で，かわいいデザインのものがあれば，ほしい． ● 種類がたくさんあって，違いがよくわからない． ● あまり重くないのがいい．	● 高額品をサイトで購入するのは不安． ● 分割払いの方がいいかな． ● すぐに届くかな．	● きれいな写真が簡単に撮影できて，満足． ● 不満なときは投稿したくなるけど，今回は，満足なので，スルーしようかな．
課題	● EC サイトの認知率を上げる． ● セールを計画する．	● 商品写真のレベルを上げる． ● 気になるポイントが比較ができるような機能をつける．	● 説明を丁寧にする． ● 購入ページのアクセスログを検討する．	● 投稿に特典をつけて，投稿数を増やす． ● 購入者だけが投稿できるようにする．

図5.5　カスタマージャーニーマップ

図5.6　ストーリーボード
（ボード部分：小西ほか著（2012）『UX デザイン入門』日経 BP 社 より転載，人物：いらすとや より）

5.4 設計原則

対話設計

インタラクション設計において知っておきたい原則が JIS 規格にはたくさん定められている．以下に示した JIS Z 8520 の**対話の原則**（dialogue principles）は，人間工学の視点からインタラクティブシステムの設計や評価の際に確認すべき原則を示したものである [52]．

タスクへの適合性 ユーザやタスクに関する分析結果を活用し，ユーザがタスクを効果的かつ効率的に遂行できるように設計する．

自己記述性 状態表示やフィードバックなどにより，ユーザが今，どういう状態なのか，やりたいことに関する一連の流れの中でどのステップにいるのか，どういう操作が可能でどう操作すれば目的を達成できるのかが常にわかるようにする．

ユーザの期待への一致 馴《な》染《じ》みのあるわかりやすい言葉を用いる，表示や操作に一貫性を持たせる，日常生活での習慣に従うなどの工夫により，システムの応答がユーザにとってわかりやすく想定しやすいものとなるようにする．

学習への適合性 ユーザがシステムの使い方を学ぶことを積極的に支援する．ユーザに馴染みがない新しい概念を使う場合には説明をつける，ユーザのレベルに合わせてサポートする，デフォルト値が設定できるときは設定する，操作を取り消せるようにするなどの工夫が学習を容易にする．

可制御性 ユーザがインタラクションの主導権，制御権を持つようにする．ユーザは自分のペースで作業ができ，自分の意思で諸々の事項を選択することができるようにする．

誤りに対しての許容度 ユーザの入力誤りや操作ミスをシステムが検知し，そのことを通知し，ユーザが簡単に修正できるようにする．重大な結果を及ぼすような操作に対しては実行の前に確認をするようにする．

個人化への適合性 ユーザが自分の状態に合わせて，システムをカスタマイズできるようにする．

これら 7 つの原則は重複する部分があり，独立ではない．また，お互い相反するようなこともありうる．このとき，どの原則を優先するべきかは利用の状況で判断する．

JIS規格の他に，OSを提供している企業が公表しているガイドラインがある．これらのガイドラインに従うことは極めて重要である．ガイドラインがよく考えられていることはもちろんであるが，ガイドラインに従うことで他のアプリケーションとの一貫性を確保することができる．

アップルコンピュータ社のヒューマンインタフェースガイドラインは昔から開発者によく読み込まれているガイドラインのひとつである[53]．時代に合わせて時折，改訂され，2020年現在は，macOS用，iOS用等のプラットフォーム別となっている．このうち現在iOS用ガイドラインに掲載されている6つの原則（図5.7）は，初期のガイドラインから引き継がれている原則で，言わば，GUI設計ガイドラインのエッセンスとも言うべきものである．

また，ユーザビリティやUXの専門家が発表している原則（ノーマンの7つの原則（図5.8）[2],[47]，シュナイダーマンの8つの黄金律（図1.10）[54]，ニールセンの10ヒューリスティックス（図6.1）[55]），ウェブアクセシビリティに関する4つの原則[13]等々，インタラクティブシステムの設計において参照可能な原則やガイドラインが，他にも多数公表されている．

コンピュータシステム向けに作成された設計指針やガイドラインだけでなく，他のシステムのために作成された設計指針やガイドラインにも有用なものが多数ある．例えば，JIS Z 8907は機械一般の設計において，操作の方向と表示や制御対象の運動方向を人間の特性に沿うことができるようにと定めた規格である[56]．システムや機械の種類を超えて標準化された原則に基づいて諸々の機械が作られていることは，安心してユーザが機械を使う上で重要である．

この規格においては，ポピュレーションステレオタイプ（習慣，伝統による動作の特性）に従うように設計することが推奨されている．ポピュレーションステレオタイプとは，操作の方向，その操作により生じる操作対象の動きに関して，人が自然に感じられる感覚である．音響装置に音量ボタンが上下に2ついているとすると，上のボタンを押すと音が大きくなり，下のボタンを押すと音が小さくなると思うのは自然な感覚である．これは対応が明白な例であり，逆パターンの設計はまず見られないと思うが，実際の設計では設計者が迷うようなケースが多々発生する．

特にPCの設計ではさまざまなUI部品を高い自由度で配置することができるため，混乱が生じがちである．ポピュレーションステレオタイプに従うことにより，この混乱を避けることが可能となる．表5.4は操作機器と対象物の変化に関して整合をとるためのものである．A群とB群，それぞれの中で整合させておくと，ユーザに自然な印象を与えることができる．適用できる原則等がない場合は，メンタルモデルやメタファなど人間の思考傾向や嗜《し》好《こう》を考慮して，ユーザにとって自然でわかりやすいものとなるように設計する．

画面設計

対話設計で紹介したJIS Z 8907は，GUIの画面設計に関しても推奨事項を規定している．例えば，量的な数字と順序があるようなものでは，対象を並べる方向を変えることが決められている（図5.9）．他にも，時系列のものは時間軸を水平にとり，左から右に時間が流れるように配置するなどGUIの画面設計に有益な記載がある．

JIS Z 8522には，GUIにおける情報の視覚提示方法についての推奨事項が規定されている[57]．この規格でも人間の特性を考慮してUIの設計をおこなうよう述べられているが，ユーザの負担が少なくシステムの表示を読み取る情報提示の特性として，図5.10が紹介されている．このような配慮をすることで，ユーザの視覚情報の把握能力が向上し，情報入力の速さと正確さが増し，作業成績の向上が見込める．

画面設計において考えておきたいことのひとつに視線の流れがある．われわれは特に目立つものがある場合は，ついそれに目を向ける．しかし，そういった目を引くようなものがなく，均等に配置されたような対象を見るとき，左から右へ，上から下へと視線を移動させることが多い．左上から右下への視線移動，「Z」型の視線移動，「F」型の視線移動がよく知られている[58]．PC画面の設計においても，この流れに配慮し，見るべき部品や情報を自然に目が行きやすい順番に配置するのがよい．

配色は全体の雰囲気を決定する重要な画面設計要素である．どういうアプリケーション，サイトなのかをユーザに正しく伝えるために，適切な配色を採用する必要がある．しかし，最適な配色を決定するのは容易ではない．配色ツールが多数，インターネットに公開されているので，それらを活用することができる．

1. 美的整合性
2. 一貫性
3. 直接操作
4. フィードバック
5. メタファ
6. ユーザによる制御

図5.7 iOS のデザイン原則

1988 年版

1. 外界にある知識と頭の中にある知識を利用する.
2. 作業の構造を簡単にする.
3. 対象を見えるようにする.
4. 対応づけを正しくする.
5. 制約の力を利用する.
6. エラーに備える.
7. 標準化する.

2013 年版

1. 発見可能性
2. フィードバック
3. 概念モデル
4. アフォーダンス
5. シグニファイア
6. 対応づけ
7. 制約

図5.8 ノーマンの 7 つの原則

表5.4 対象物の変化と操作機器との整合

	A 群	B 群
位置	左	右
	下	上
	後	前
	末尾	先端
運動方向	左方へ	右方へ
	下方へ	上方へ
	近づく	遠ざかる
	反時計回り	時計回り
	後ろへ	前へ
状態	暗	明
	寒	暖
	遅	速
	減速	加速
	減少	増大
動作	切る	入れる
	停止	始動
	中止	開始
	緩め	締め付け
	消火	点火
	排出	充満
	引く	押す
	取り外す	組み込む
	ダウンロード	アップロード
	スクロールダウン	スクロールアップ

量	1	2	3	4	5
順位	1 位	2 位	3 位		

水平方向に並べる場合

量	順位
30	1位
20	2位
10	3位

垂直方向に並べる場合

図5.9 量と順位の表示方向

1. 明瞭さ
2. 見分けやすさ
3. 簡潔さ
4. 一貫性
5. 気づきやすさ
6. 視認性
7. 把握しやすさ

図5.10 情報提示の特性

5.5 プロトタイピング

ウェブサイトやアプリケーションの開発時には，実際のプロダクトを制作する前に，ごく簡単に手書きで作成したスケッチやペーパープロトタイプ（図5.11）から実際の製品にかなり近いものまで，さまざまな**プロトタイプ**（prototype）が作られる．プロトタイプを作るのは，UIが重要となるような製品の場合は，仕様書や設計書などのドキュメントだけでは問題のないよい設計となっているかの判断ができないからである．実際の製品をイメージし，操作をしながら，問題はないか，もっと使いやすいようにできないかなどの検討を重ねることが大切であり，そのためにはプロトタイプを使ったテストを欠かすことができない．

プロトタイプにはさまざまなものがあるが，開発の初期の段階では低忠実度のものを用い，開発が進むにつれて忠実度を上げていくのが一般的である（表5.5）．忠実度とは，実際の製品にどのくらい近いかをいう．

紙とペンで作るペーパープロトタイプは，素早く作れること，修正が容易なことが最大のメリットである[59]．開発が進んで，実際にプログラムを組んでから問題点が見つかった場合，その不具合の修正には多大な時間とコストがかかる．**ペーパープロトタイピング**（paper prototyping）に少し時間をかけて十分に検討し，この段階で問題を発見して修正しておいたほうが，最終的には短時間かつ低コストで開発ができる．また何か面白いアイデアを思いついても，実際にそれがよいだろうかとか，それを組み込むことで何か問題が生じるのではないかとか，いろいろと不安が生じ，大きなチャレンジができないこともある．ペーパープロトタイピングで検討することで不安を取り除くことができ，積極的な提案が可能となる．

ペーパープロトタイピングで作成する試作モデルは紙がベースなので当然動作はしない．しかし，紙芝居のようにして，操作に合わせて次の画面に移るように差し替えるなどの工夫をすることで，動作をシミュレートすることができる．このように人間がコンピュータの役をするやり方を**オズの魔法使い**（wizard of OZ）という．また，開発者が製品を使う場面を設定した寸劇をおこなってアイデアや設計案の確認をすることは，**アクティングアウト**（acting out）と呼ばれている．開発者自身で気づきが得られるだけでなく，寸劇を見ている聴衆からの反応からも有益なフィードバックを得ることができる．

図5.12に示したような主な要素を配置した基本構成の図を**ワイヤーフレーム**（wireframe）という．ヘッダ，フッタ，ナビゲーションコンテンツなどの画面を構成する要素の大きさや位置などを検討して決定していく．

ワイヤーフレームにUI部品やコンテンツを入れ，本物そっくりに作成した見本を**モックアップ**（mock-up）という．モックアップは見た目が完成品に近いサンプルであり，画面デザインの検討をすることが目的である．機能は実装していないため動作しないが，クライアント（注文主）に見せて了承を得たり，関係者からフィードバックを得たりするためにも有用である．

完成品の機能をシミュレーションし動作を確かめることができるような忠実度が高い試作品を指して，プロトタイプということもある．このプロトタイプでは，想定している動きで問題はないか，無駄な操作や勘違いしやすい表示はないかなどを確認することができる．また，ユーザテストをするなどして，製品に対するユーザやクライアントのリアルな意見を得ることができる．

表5.5　低忠実度と高忠実度のプロトタイプ

忠実度	長所	短所
低忠実度	短時間で作成できる テスト中に修正が容易にできる アイデアの創出や検証に有効である	慣れないとイメージが湧きにくい 嘘っぽい 確認できる事項が限定的である
高忠実度	最終プロダクトとイメージが近い リアル感がある UI，UX の確認や体感ができる	作成にコストがかかる 気軽に作り直すことができない

図5.11　ペーパープロトタイピング

〔Web クリエイターボックス〈https://www.webcreatorbox.com/webinfo/paper-prototyping〉より転載〕

図5.12　ワイヤーフレーム

5.6 エラー対策

「To err is human」（人間は誰でも間違える）という言葉がある．どんなに間違わないように注意していても，人間は間違いをしてしまうものである．コンピュータ作業ではちょっとしたミスが大きな損失をもたらすことも多い．このため，アプリケーション側でエラーに関する対策をすることが不可欠である．

人間が犯すエラーには，ミステイク，スリップ，ラプスの3種類がある．**ミステイク**（mistake）は本人の誤解が原因で，正しい操作と思い込んで間違った操作をやるエラーである．**スリップ**（slip）はやり損ない，**ラプス**（lapse）はやり忘れであり，どちらも誰しもついやってしまうような，うっかりミスである．

コンピュータ作業時にもこの3種類のエラーが発生する．ミステイクを防止するためには誤解を与えない必要があり，そのためには作業に関する正しいメンタルモデルが形成されるようにする必要がある．そして，うっかりミスを防ぐにはユーザの入力内容をチェックし，入力が常に適切なものとなるようにする必要がある．こういったエラー防止のためには，メタファの活用，適切なナビゲーション，原則やガイドラインに従った設計，ユーザ理解，タスク理解，インタラクション設計の最適化等，HCI設計に関する深い知識と配慮が必要である．

ユーザの操作エラーを防ぐためによく用いられる方策として，フールプルーフとフェイルセーフの2種類がある．

フールプルーフ（foolproof）は，ユーザが間違った操作をできないようにする対策である．例えば，数字を入力する箇所には数字以外は入力できないようにする，必要な項目がすべて入力されていないと次のステップに進めないようにするなどの工夫である．図5.13は入力可能な数値に範囲が設定されており，その範囲以外の数値が入力されたときのエラーメッセージである．数値を入力するダイアログにも入力可能な範囲が表示されているが，それに加えてこのようなメッセージでエラー発生を伝えるとともに，どういう数値を入力をすべきであったかを重ねて知らせている．

フェイルセーフ（fail safe）は，ユーザが間違った操作をした場合に，思わぬ被害が生じるのを防ぐあるいは被害を最小限に食い止める対策である．元に戻せないような操作をユーザがおこなった場合にはすぐに実行するのではなく，ユーザに本当にその操作を実行してよいか確認をするような対策がよくとられている．図5.14 ではファイルを保存せずにアプリケーションを終了しようとした場面に立ち上がるダイアログである．そして，選択するボタンは「保存」がデフォルトになっていて，つい何も考えずにエンターキーを押してしまい，ファイルを保存せずにアプリケーションを終了してしまう危険性を回避している．

致命的なエラーの場合は，これらの例のようなモーダルウィンドウ（アラートダイアログ）（図2.23）として，他のコンポーネントを操作できないようにする対策をとることがある．しかし，モーダルウィンドウの場合はウィンドウを閉じる手間が生じる，ユーザに主導権がない印象を強く与えるなどの理由により，多用することを控える傾向もある．他の方法として，入力エラーがあった場所のすぐ近くにエラーを知らせるメッセージを表示する方法などがとられている（図5.15）．

エラーメッセージをわかりやすくすることはエラー対応の重要なポイントである．何がエラーの原因であるのか，今，どういう状態なのか，どうすればエラーから回復できるのかといった情報を，わかりやすくユーザに伝えることが必要である．

図5.13　フールプルーフの例

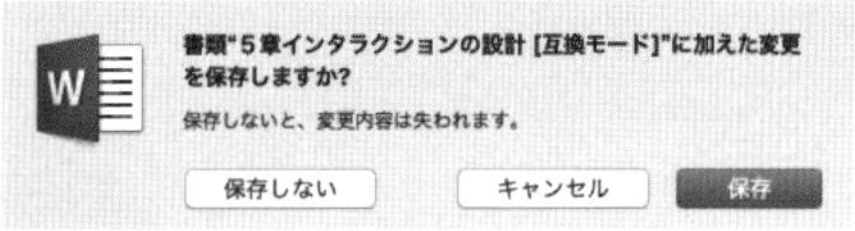

図5.14　フェイルセーフの例

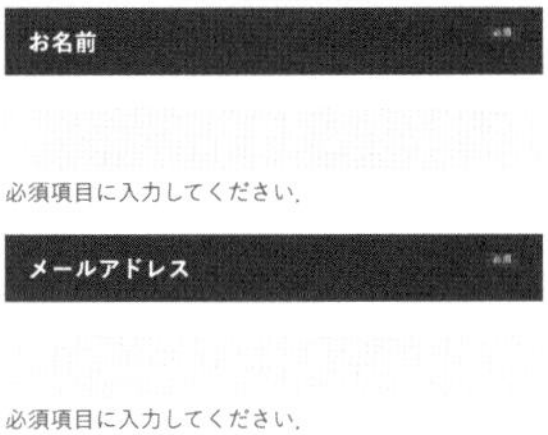

図5.15　入力エラー（未入力）の通知の例

5章の課題

□**5.1** 人間中心設計が使われた事例について調べてみよう．

□**5.2** 何か課題を設定し，友人にコンピュータあるいは携帯情報端末で作業をしてもらい，その様子を観察してみよう．

□**5.3** 何かサービスを想定して，ユーザモデリングをおこなってみよう．

□**5.4** 数多くの設計原則が公開されている．本文で紹介されているものの他に，どういったものがあるのか，調べてみよう．

□**5.5** 何かサービスを想定して，そのトップページについて，PC画面，タブレット画面，スマートフォン画面の3種類の画面のペーパープロトタイピングをおこなってみよう．

□**5.6** 自分がよく利用しているアプリケーションで使われている，フールプルーフやフェイルセーフの例を探してみよう．

第6章

インタラクションの評価

インタラクティブシステムの設計にはシステムの評価を欠かすことができない．評価は開発のさまざまな段階で使われている．初期の段階では，形成的評価と呼ばれる評価が，後半段階では総括的評価が中心となる．形成的評価とは，設計プランの問題点の抽出に用いられる評価で，専門家ないしはそれに近い人たちによる評価がよく用いられる．総括的評価は，開発中のシステムに対して，全体的にどの程度の出来具合であるかを評価するものであり，主としてユーザによるテストが実施される．本章ではこのような評価手法について学習したあと，人を扱って研究開発をする場合に必要となる統計処理および倫理について学ぶ．

6.1　専門家による評価

インタフェースに関する問題を専門家が発見し評価することを**インスペクション法**（inspection method）あるいは**専門家評価**（エキスパートレビュー，expert review）という．チェックリストやガイドラインを利用することが多いが，HCI に関する豊富な知識や経験を元に評価が実施される．

インタフェースの問題を見つけることは意外と困難な作業である．その理由として，次の2つを挙げることができる．ひとつは，ユーザの人としての多様性である．人はさまざまであり，まったく想像できないような見方，受け取り方，考え方をするものである．ところが人間は他の人も自分と同じように考えると思ってしまう傾向がある．このため，熟練した専門家でもすべてのユーザの考えを想定して問題点を見つけることは不可能である．もうひとつは熟練がもたらす弊害である．熟練すればするほど専門家ならではの見方が自然と身につく．通常であれば，それが専門家の専門家たる優れた点であるが，ときとして，素人であるユーザのことがわからなくなる危険性が生まれる．

ヤコブ ニールセン（Jakob Nielsen）はユーザビリティに関する問題を発見する方法として，**ヒューリスティック法**（heuristic method）を提案した[55]．ヒューリスティックとは経験則のことであり，ヒューリスティック法は，ニールセンの経験に基づいて導かれた図6.1 の10のヒューリスティックスから，問題となる事項はないか確認する方法である．実際にはニールセンのヒューリスティックスを基本として，専門家が自分の経験に基づき，確認しようとしているシステムに合わせて，適宜項目を選択ないし追加して実施される．

ニールセンによると，ヒューリスティック法を用いると評価者数と発見される問題の数は以下の式となる．

$$N = 1 - (1 - L)^n$$

N はユーザビリティの問題数（未知）に対して発見できる問題の割合，n は評価者数であり，L はひとりの評価者が発見する問題の割合で，経験的に31％程度とされる（図6.2）[60]．評価者数を増やしても新たに発見される問題は徐々に少なくなるため，ニールセンはWebサイトのような場合は評価者数は5名程度とし，評価を繰り返すことを勧めている．

認知的ウォークスルー法（cognitive walkthrough method）は，専門家がユーザになったつもりで，ユーザがおこなう操作の確認をおこなう方法である[61]．ヒューリスティック法と後述するユーザテストとの中間に位置する評価方法である．

ウォークスルーとは元々，演劇での立ち稽古を意味していた．初めから終わりまで一通り流してみることで問題点を見つけるというものであったが，それがソフトウェア開発においてプログラムの問題を見つける検証作業に使われ，さらにインタフェースの問題発見に転用されることになった．

認知ウォークスルー法では，各画面において，図6.3にある4つのステップでユーザが迷わずに正しい行動がとれるかを確認していく．例えば，ECサイトで物品を購入したいユーザを想定し，ユーザが希望する物品を見つけ購入するために見ることになる各画面において，4つのステップが円滑なものとなっているかについて評価をしていく．

1. システムの状態を視認できるようにする．
2. 実環境に合ったシステムを構築する．
3. ユーザに制御の主導権と自由度を与える．
4. 一貫性と標準化を保持する．
5. エラーの発生を事前に防止する．
6. 見ればわかるデザインにする．
7. 柔軟性と効率性をもたせる．
8. 最小限で美しいデザインにする．
9. ユーザがエラーの発生や原因特定，回復方法がわかるようにする．
10. ヘルプやマニュアルを用意する．

図6.1　ヒューリスティックス（経験則）

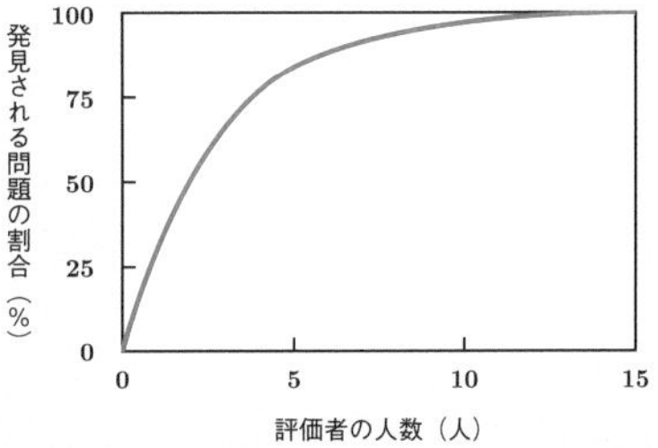

図6.2　評価者の人数と発見される問題割合

1. 目標設定：ユーザは自分の目標を設定する．
2. 探索：目標を達成するために，どういう操作をすればいいかユーザは探索する．
3. 選択：探索の結果，ユーザは目標達成に最適な操作を選択する．
4. 評価：操作の結果から，ユーザは目標達成に向けて進行しているかどうかを評価する．

図6.3　認知的ウォークスルー法

6.2 ユーザの心理分析

ユーザテスト

実際のユーザあるいはユーザ層と想定される人に，アプリケーションやウェブサイトを操作してもらい，改善点を抽出する方法を**ユーザテスト**（user test）あるいは**ユーザビリティテスト**（usability test）と呼ぶ．ユーザテストを有意義なものとするためには，可能な限り想定しているユーザの中の典型的な人にテストしてもらわなければならない．

開発の比較的初期段階におけるテストでは，実際のユーザではなく，専門家や社内の人にテストをやってもらうことが現実的である．しかし，専門家や社内の人による評価には，どうしても特有の意見の偏り，見落としが生じる．このため，開発の後半になってくると，実際のユーザを使ったユーザテストは欠かすことができないものとなる．開発の段階や評価の目的に応じ，専門家による評価とユーザによるテストの適切な使い分けが必要である（**表6.1**）．

ユーザテストには，ユーザの心理分析，行動分析，生理分析の3つの分析がある．このうち，生理分析は必要に応じて実施されるもので，通常のユーザテストでは実施されないことが多い．

心理分析

思考発話法（think aloud method）は，操作をやっている最中に何を考えているかをしゃべってもらう方法である[62]．見ている画面，そのときの発話内容，ユーザの表情や微妙な行動（例えば，考える素振り，ため息），結果としておこなった操作などを合わせて分析をすることで，問題点，改善点を明確にすることができる．特に，ユーザが利用時に形成するメンタルモデルを探るには最適な方法である．

しかし，考えていることを話しながら操作するということは，通常の操作ではやらないスタイルであり，話をしながら操作することで，通常時とは違った心理状態や思考となる恐れがある．例えば，思考を発話することで思考が整理され，黙って操作をしていたらできなかったタスクがうまくできてしまうというようなことも発生する．また，考えていることを話すという負荷をかけているため，操作に時間がかかりがちになり，さらに，発話と操作を同時にすることができずに話し出すと手が止まってしまう人も出てくる．あるいは，すぐに発話しなくなってデータが断片的にしか取得できないということも多い．

そこで，思考発話法では発話してもらうだけではなく，調査者が積極的に質問をしていく方法も用いられている．この方法は，ユーザの利用状況把握段階の調査においてもよく使われている手法でもあり，師匠と弟子モデルと言われている．ユーザが師匠，調査者が弟子の役割であり，弟子が師匠にいろいろと考えていることを教えてもらうことになる．

また，一通りタスクをやってもらった後に，タスク遂行時にどう考えたかを思い出してもらう場合もある．回顧法と呼ばれる方法である．何も手がかりがない状態で思い出してもらうのは難しいため，タスクを遂行しているときのビデオを見せたり，視線計測結果を見せたりして，遂行時に考えたことについて思い出しやすくする．しかし，回顧法にも問題がある．例えば，後で思い出してもらったときに記憶が整理されてしまうようなことが生じたり，後付の結果論による意見が出てきたりすることがある．

思考発話法のデータは最終的には文章化して要約するが，このとき，膨大な時間がかかることが多い．また，その記録の中から，何をピックアップするかは解析者の主観に依存する．このため，どういった観点で結果を整理するかにより，結果が変わってくることもある．

ユーザテストにおけるアンケート調査やインタビューは，タスクをやってもらった後に実施するものである．この場合のアンケート調査やインタビューでは，利用状況の把握の際に実施されるアンケートやインタビューと比較すると，より具体的で詳細なデータ，改善に直接役に立つ意見を収集することができる．

表6.1　専門家評価とユーザテスト

	専門家評価	ユーザテスト
データの性質	経験に基づくが，基本的には専門家による主観データ	ユーザの行動や生理は客観データであるが，心理分析は主観データ（ただし，数が多ければ数値化可能）
準備	比較的，準備が楽	入念な準備が必要
時間	短時間で完了できる	時間がかかる
コスト	コストがあまりかからない	コストがかかる
実施段階	どの段階でも実施可能	実施可能な段階がある

6.3 ユーザの行動分析

アプリケーション

システム開発においては，要件を満たす性能となっているかを確認するパフォーマンステスト（性能テスト）が実施されるが，HCI 領域においても実際にユーザに操作をしてもらいその結果（パフォーマンス）を分析することは，欠かすことができない．

アプリケーションには多くの機能や使い道があり，そのすべてをユーザテストすることは多くの場合は不可能であるが，重要な機能や用途に関しては，テストして確認をすることが最低限必要である．代表的な指標としては図6.4 に示したものがある．

全体の作業時間は重要な指標であるが，全体を部分に分けて，各部分における作業時間を計測し検討することが改善につながりやすい．作業にかかる時間は作業内容により異なる．いろいろと複雑なことを考えながら慎重に設定していかなければならないような作業は，単純作業と比較して作業時間がかかるのは当然であり，両者の単純比較は意味がない．そこで，HCI として望ましい状態にあるかどうかを検討するために NE 比が提案されている [63]．NE 比は初心者ユーザの作業時間を熟練ユーザの作業時間で割った数値であり，大きければ大きいほど，そのインタフェースが新規ユーザにとって理解や操作が難しいことを示している．

行動分析の場合は，他のユーザの影響を受けないような工夫をすれば，パーティションで区切る程度で，複数のユーザを同時にテストすることができる場合も多い．収集された結果は個人差や偶然誤差を含んでいるため，統計処理を実施する．統計処理のためには，ある程度の人数（経験的には，多くの場合，1 条件 20～30 名程度）のデータを収集することが必要となる．少ない人数でのユーザテストの実施では，結果が安定せず，間違った結論を導くことになる可能性がある．

いくつかの機能についてテストを同時にやろうとすると，訓練効果や疲労の影響などの結果をゆがめるような望ましくない現象が生じやすい．人を扱った実験では他にも特有の配慮すべき事項がある．実施前に十分な訓練を受けておくことが必要である．

行動分析では，ユーザの操作の状況を数値で把握することができるが，ユーザが操作時にどのように感じているか，何に迷っているか，困っているかは知ることができない．また，テストの結果，期待に反するような望ましくない結果が得られた場合，改善が必要なことは示されていても，どのように改善すればよいのかまではわからないことが多い．このため，事後にはアンケート調査やインタビュー等の心理分析も合わせて実施される．

ウェブサイト

ウェブサイトでは，いかに多くの人に閲覧してもらえるか，利用してもらえるかがサイト運営の命綱である．このため，サイト公開前に入念なチェックがなされ，さらに，公開後もユーザの行動分析（**アクセス解析**，access analysis）により継続的に確認と改善がなされている．

表6.2 は代表的なアクセス解析の項目である．サイトの目的が達成される行動はコンバージョンと呼ばれ，アクセス解析のもっとも重要な指標である．EC サイトであれば商品の購入，応募サイトであれば応募がコンバージョンとなる．コンバージョンを増やすために，その他の指標を分析してコンバージョンを阻害している要因を見つけ改善していく．コンバージョン向上は目標ではあるが，向上させる具体的な方法が見つからないことも多い．そのため，その 1 つ手前，2 つ手前の段階を仮のコンバージョンとして設定し，それらを達成するように改善をすることも有効な方法である．

サイトの改善においては，**AB テスト**（AB testing）と呼ばれるテストが実施されている．AB テストでは 2 種類（場合によっては 3 種類以上）のページを用意し，サイトを訪問するユーザをランダムに各ページに誘導する．そして，ユーザの行動を計測し，好ましいユーザ行動が多かったページを改善ページとして採用する．サイトのリニューアルはかなりの経費と時間がかかるが，リニューアルしたサイトが前よりも本当によくなるかどうかは，リニューアルの計画時点では保証されない．AB テストはページ単位で徐々に改善をおこなうため，少額の経費と短い時間で確実に改善をすることができる．

AB テストでは，何を改善したいのかを考えて，改善するページや要素を決定する必要がある．このとき，アクセス解析の結果を利用することができる．全体的に改善をするのであれば，多くのユーザが閲覧するトップページ，ファーストビュー領域から実施することがよい結果を生みやすい．

ABテストでは，写真や見出し，ボタン等のページ要素を複数まとめてではなく，1つずつ検討を重ねていく．複数の要素を組み合わせてテストする場合は多変量テストと呼ばれる．組合せが増えるほど，1つの条件に誘導できるユーザ数が減るため，多変量テストでは全体としてはかなりのユーザ数が必要となる．

眼球運動分析

ユーザが画面のどこに注目しているかを推定する指標として，眼の動き（**眼球運動**，eye tracking）がよく計測されている．注目している場所と見ている場所は必ずしも一致するとは限らないが，多くの場合は一致すると想定できる．

眼球運動を計測する場合，以前は計測装置を頭部に装着する必要があったが，装着が不要な非接触型の装置で精度のよいものが安価に入手できるようになってきた．非接触型は被計測者の負担がほとんどないという点だけでなく，計測があまり意識されないという観点からも頭部装着型よりも優れている．思考発話法と同じく，眼球運動計測も意識されてしまうとその影響が出ることが多い．人間は非常にデリケートであり，ちょっとした意識の変化が行動の変化となってしまうことがある．

われわれが文字を読んだり，画像を見たりする場合の眼の動きは，サッカード（急速な眼球運動）と僅かな時間の眼の停留の繰り返しで構成されている．サッカード中は視覚情報の処理は中断されるため，情報を取得できるのは停留している時間に限られている．このため，視線が停留している場所（注視点）を計測することで，ユーザがどこから情報を取得しているかを推定することができる．

注視点の分析は，一定時間に生じた注視点をつないだゲイズプロット（あるいはスキャンパス）や停留時間を累積したヒートマップで分析されることが多い（図6.5）．ゲイズプロットではユーザがどの順番でどこを見ているかがわかる．ヒートマップではどこを重点的に見ているか，逆にどこが見られていないかがわかる．

ウェブコンテンツ閲覧中の眼球運動に関しては，F字型パターンがよく知られている[58], [64]．このパターンは，閲覧者がウェブコンテンツを流し読みしていることを示している．ウェブコンテンツの場合は，以前から，人々は丁寧に読むと言うよりも，情報を拾うような読み方をしていることが知られていた．このため，ウェブコンテンツの場合は，流し読みでも重要な情報を拾ってもらえるように，書籍の文章よりも，文や段落は短く，見出し，小見出し，太字などを使って情報の重要度がすぐにわかるようにして書かれている．

- 作業完了割合
- 途中で間違わずに作業が完了した割合
- 作業の正確性
- 作業時間
- エラー回数
- 重大なエラーの発生回数
- マニュアルやヘルプを見た回数

図6.4　行動指標の例

表6.2　アクセス解析指標

アクセス解析指標	意味
ユーザ数	訪問した人数（同一環境からの訪問は 1 回とカウント）
ページビュー数（PV）	ページが読み込まれた回数
セッション数	訪問した回数（セッションとは，サイトを訪問してから離脱するまでの行動）
コンバージョン数（CV）	サイト目標の達成数
コンバージョン率（CVR）	セッション数に対するコンバージョン数の割合
滞在時間	サイトや各ページを閲覧していた時間
離脱率	PV あたりの離脱 PV 数の割合
直帰率	訪問したページしか閲覧しなかった割合

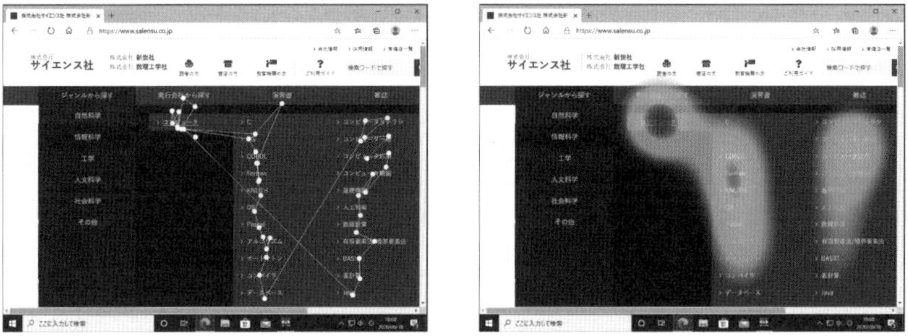

(a) ゲイズプロット　(b) ヒートマップ

図6.5　ゲイズプロットとヒートマップ

6.4 ユーザの生理指標分析

脳 波

脳波（electroencephalogram：**EEG**）は脳活動の記録としてはもっとも古くから使われてきた指標であり，HCI においてもたくさんの活用例があるが，それらは大きく 2 つに分類することができる．ひとつは，脳の活動状態や心理状態を示すモニタとしての利用である．例えば，α 波はリラックス状態を示す指標としてよく用いられている．もうひとつは，脳波自体を HCI に活用しようというものである．典型的には BCI（ブレインコンピュータインタフェース）における活用である．

脳波計測は以前に比べるとだいぶ楽になってきている．通常は脳波計測のためには，皿電極に脳波ペーストをつけて頭皮に固定する．電極の数が増えると装着作業も大変であるが，実験終了後の頭皮からの脳波ペースト除去作業も負担である．協力者にも不快をもたらす．脳波ペーストを用いないドライ電極および簡易型脳波計も利用可能となってきている．脳波をモニタとして活用するような HCI 研究では，これらを用いた簡単な方法で問題がない場合も多い．

脳波は脳の電気活動を記録したもので，脳の活動状態を示しているが，およそ電極直下，直径 3 cm 程度の円の範囲における脳活動と考えられている．脳波記録（図6.6）は波のように見え，その波の振幅と周波数で表6.3のように分類される．脳の活動レベルが高まると低振幅高周波数，低下すると高振幅低周波数となる．

視覚刺激や聴覚刺激を与えたり，考えさせたり，何か運動させたりすると，関連する脳領域の特定の周波数帯のパワーが減弱する．これを事象関連脱同期（event-related desynchronization：ERD）という．一方，事象関連脱同期の後，増強することは事象関連同期（event-related synchronization：ERS）と呼ぶ．

また，脳波には，外界からの刺激を知覚したとき，認知処理をしたときに発生する成分が含まれていて，それぞれ誘発電位（evoked potential：EP），事象関連電位（event-related potential：ERP）という（図6.7）．この 2 つの用語は少し曖昧な使われ方をしている．多くの場合，刺激に対する生理的な反射成分を誘発電位，心理的な反応成分を事象関連電位と呼んでいる．しかし，事象関連電位に誘発電位を含める場合もある．

両者共にいくつか種類があるが，そのほとんどは数 μV，大きい成分でも 20〜30 μV 以下の非常に小さい電位変化である．このため，1 回の刺激に対する反応を脳波から視認することが困難なことが多く，加算平均処理等の処理が必要である．図6.8 に例示したものは P300 と呼ばれる事象関連電位である．

心　拍

心臓は洞結節に存在する細胞の自動発火により自律的に拍動しているが，拍動のリズムは自律神経系の支配も受けている．このため，心臓活動の変化が自律神経系の活動状態を示す指標として活用されている．1 分あたりの拍動数を心拍数という．交感神経系の活動は心臓活動を亢進《こうしん》させるため心拍数は増える．副交感神経系の活動は逆に心臓活動を抑制するため心拍数が減る．

心電計を用いて計測した**心電図**（electrocardiogram：**ECG**）は図6.9 のような記録となる．P 波は心房の収縮，QRS 波は心室の収縮，T 波は心室の弛緩《しかん》に関連して発生する．このうち R 波がもっとも振幅が大きく計測が容易なので，R 波の検出をもって 1 拍とし，R 波の発生間隔を R-R 間隔と呼ぶ．心臓の拍動は常に微妙に揺らいでいるため，R-R 間隔の変動にその揺らぎが現れる．R-R 間隔の揺らぎは安静時に大きく，緊張時に小さい．0.05〜0.15 Hz の低周波成分（low frequency：LF）は交感神経と副交感神経の両方が影響を及ぼし，0.15〜0.45 Hz の高周波成分（high frequency：HF）は副交感神経のみが影響を及ぼすことが知られており，2 つの周波数成分の比である LF/HF は，交感神経と副交感神経のバランスを示す指標として用いられている．

筋　電

筋電（electromyography：**EMG**）は筋肉（筋繊維）が発生する活動電位を記録したもので，筋肉の緊張具合を示す．脳からの司令は，運動ニューロンを介して骨格筋の筋繊維に伝達される．ひとつの運動ニューロンは数 10〜1 000 本以上の筋繊維と結合しているため，これら筋繊維が一斉に同期して収縮する．このときに発生するのが筋電位である．

筋電には，皮膚の表面に電極を貼る表面筋電図，筋肉に針状の電極を刺入する針筋電図がある．HCI においては，筋負担具合の指標や BCI などにおいて用いられている．

図6.10 は Thalmic Labs 社の前腕にはめて使用するバンド型のジェスチャコントロール装置「MYO」から取得した筋電である．図から，力が入ると大きな筋電が得られることが確認できる．

皮膚電気活動

皮膚電気活動（electrodermal activity：**EDA**）は，汗腺活動を起源とする皮膚の電気的状態変化を記録したものである．汗腺は交感神経系の支配を受けているため，EDA は交感神経の活動状態を反映している．汗腺にはアポクリン汗腺とエポクリン汗腺があるが，EDA に関与するのはエポクリン汗腺である．エポクリン汗腺は，認知活動や心理状態に伴って発汗具合が変動する．

EDA の計測方法には電位法と通電法がある．両方法共に，刺激に対する一過性の反応を見る場合とゆっくりとした全体的なレベル変動を見る場合がある．図6.11 の SPR は電位法による計測指標のひとつで，SRR は通電法による計測指標のひとつである．また，EDA の自発性の反応は覚醒水準を反映している．

眼疲労，眼精疲労

長時間のディスプレイ作業や細かい表示画面の凝視などは，眼疲労や眼精疲労を引き起こす．そして，さらに肩こりや頭痛といった症状も生じ，作業効率が低下する．眼疲労は休息することで回復する疲労，眼精疲労は眼疲労が蓄積し休息では容易に回復しない疲労をいう．眼疲労や眼精疲労の指標としては，**フリッカ融合周波数**（critical flicker frequency：**CFF**），瞬目，瞳孔反応，眼球運動がよく計測される．フリッカ融合周波数は光の点滅を検知できるかどうかを調べるもので，眼疲労によりフリッカ融合周波数は低下する．

表6.3 脳波の種類

種類	周波数（Hz）	振幅（μV）	備考
β 波	14-30	2-20	覚醒時
α 波	8-13	20-60	閉眼，リラックス時，後頭部中心
θ 波	4-7	50-100	睡眠時，幼児
δ 波	0.5-3	100-200	深い睡眠時，幼児

※ 30 Hz 以上の波を γ 波と呼ぶこともある．

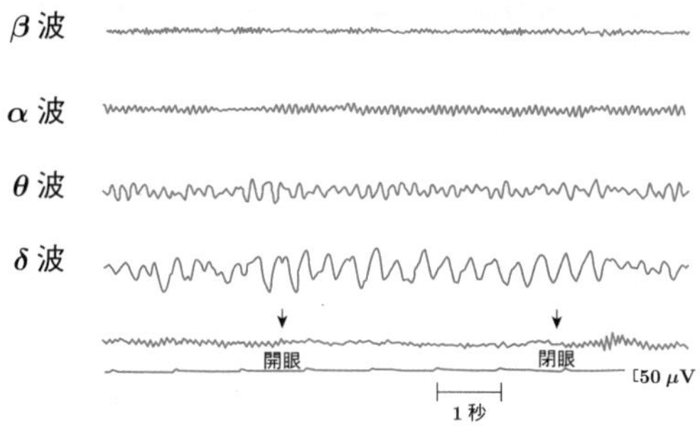

図6.6　脳波の記録例[65]

- 視覚誘発電位（VEP）
- 聴覚誘発電位（AEP）
- 随伴性陰性変動（CNV）
- 運動準備電位（RP あるいは BP）
- N1
- 処理陰性電位（PN）
- ミスマッチ陰性電位（MMN）
- P3（P300）
- N400

図6.7　誘発電位，事象関連電位の種類

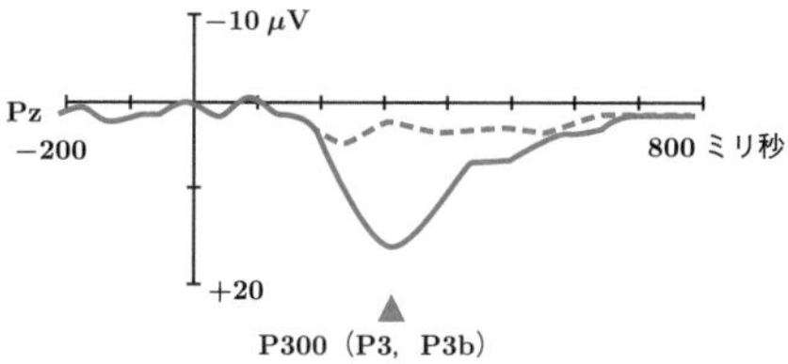

図6.8　P300[66]

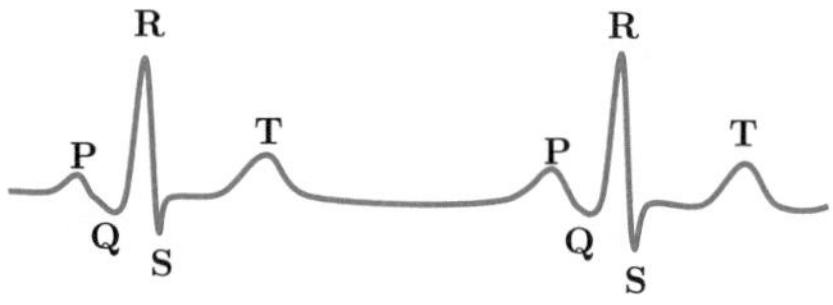

図6.9　心拍（模式図）

(a)　力を入れてないとき

(b)　力を入れたとき

図6.10　筋電図

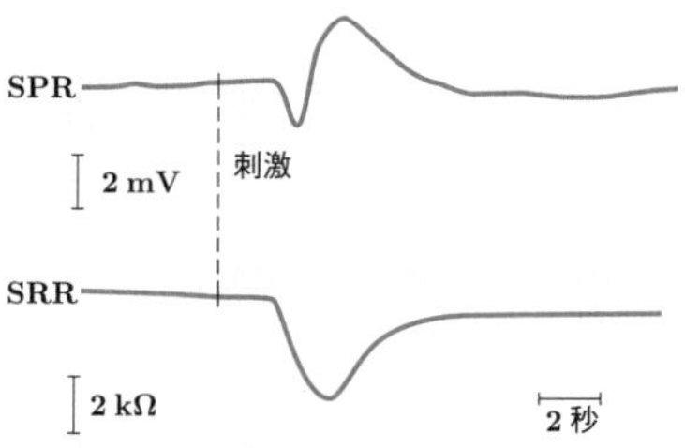

図6.11　皮膚電気活動[67]

6.5 統計処理

調査や実験で収集するデータは，多くの誤差要素を含んでいる．例えば，AB テストの場合であれば，2つの案でどちらが好ましいのかをデータを元に比較することになるが，そのとき，AB テストで得られた結果（生データ）の傾向が本当に意味があるものなのか，それとも偶然によるものなのかを判断しなければならない．このようなときに用いるのが**統計的仮説検定**（statistical hypothesis testing）である．さまざまな種類の検定手法があり，データの性質に応じて，適切な検定を選ぶ必要がある（表**6.4**）．

ただ，検定を選ぶ以前に，データが適切な方法で取得されることが重要である．データ取得に問題があるようなデータに対しては，どのような検定を用いようと，まったく意味がない．データ取得の方法としては，**フィッシャーの3原則**（Fischer's three principles）が基本となっている．それは，反復，無作為化，局所管理である．データはこの3原則を始めとする諸注意に基づいて取得されてはじめて，検定する価値が生じる．

検定の基本は，最初に，データ（サンプル，標本）はひとつの母集団からランダムに抽出されたものと考えることである．そう考えれば，AB テストの2つの案を A と B とすると，A と B には本当は差がなく，AB テストの結果において生じている差（例えば，CVR の差）は偶然生じたものとなる．これを帰無仮説と呼ぶ．そして，帰無仮説とは違って，A と B で本当は差があるという仮説を対立仮説という．帰無仮説が真であるときに，得られた結果のような差が生じる確率を計算する．確率が非常に小さい場合，そういったまれな結果が生じるのは不自然であり，前提である帰無仮説が間違っていたと判断（棄却）され，A と B との間に差があると結論づける．

確率が非常に小さいとみなす基準を有意水準（α）といい，慣習的に5%がよく用いられている．計算した確率が有意水準よりも大きければ有意な差があるとは言えない，小さければ有意な差があると表現する．有意な差があるという結果になっても，帰無仮説が間違っているという棄却が絶対に正しいというわけではない．非常にまれではあっても帰無仮説が正しいことも α だけありうる．この α は第I種の過誤と呼ばれている．逆のパターン，帰無仮説が間違っているのに，帰無仮説を棄却できずに有意な差があるとは言えないと結論をしてしまう場合を第 II 種の過誤と呼ぶ（表6.5）．対立仮説が正しいときに正しく帰無仮説を棄却する確率（$1-\beta$）を検出力という．

第 I 種の過誤，第 II 種の過誤は図6.11からわかるようにトレードオフの関係にある．このため，第 I 種の過誤を小さくするためには α を下げることになるが，この操作は第 II 種の過誤を大きくしてしまうことになる．両方を下げるには，サンプル数を増やしデータのばらつきを抑え推定精度を向上させる必要がある．

しかし，サンプル数をむやみに増やすと，実質的にはほとんど意味のない差も有意な差があると判定してしまう恐れが生じる．よって，サンプルサイズは小さすぎずかつ大きすぎずという，目的に合致した適切なサイズにする必要がある．サンプルサイズの決定はかなり難しいところもあり，**効果量**（effect size）の観点からも結果を検討する必要がある．実用的には，その判断が意味があるような差に基づいているものかどうかを吟味する姿勢を持つことが重要である．

表6.4　データの種類

種類	尺度	より下位の尺度との違い	データ例	統計処理例
量的データ	比率	ゼロは何もないことを意味する	行動指標の時間データ，VAS，多くの生理指標データ	t 検定，分散分析
	間隔	データの間隔に意味がある	一対比較	
質的データ	順序	順序がある	順位，格付／等級，順序づけが可能な選択肢（リッカート法）による回答※	ウィルコクソンの順位和検定，ウィルコクソンの符号付き順位和検定，クルスカル-ワリス検定，フリードマン検定
	名義	識別することができる	順序づけができない選択肢による回答，アクセス解析や行動指標等の度数データ	二項検定，カイ二乗検定，マクネマー検定，コクランの Q 検定

※ 順序づけが可能な選択肢（リッカート法）による回答は，間隔尺度とみなすことも多い．

表6.5　第 I 種の過誤と第 II 種の過誤

		母集団の真実	
		帰無仮説が正しい	対立仮説が正しい
検定結果	帰無仮説を棄却する	推論が間違い 第 I 種の過誤（α）	推論が正しい （$1-\beta$ = 検出力）
	帰無仮説を棄却しない	推論が正しい （$1-\alpha$）	推論が間違い 第 II 種の過誤（β）

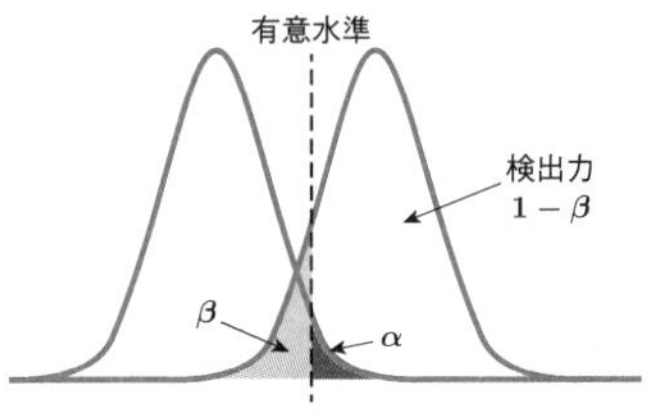

図6.12　有意水準と過誤

6.6 人を対象とする研究開発に関する倫理

HCIの先端的領域で研究を進める場合，人間中心設計を始めとするユーザ視点を重視する立場でUI開発を進める場合，必然的に人からデータを収集する機会が多くなる．人からデータを収集する場合には，対象者ならびに関係者に対する倫理的配慮を怠ることはできない．

研究対象者に関する倫理的配慮という考え方は，1964年に世界医師会総会で採択された**ヘルシンキ宣言**（declaration of Helsinki）『人間を対象とする医学研究の倫理的原則』が元となっている[68]．ヘルシンキ宣言は医学研究を対象とするものであるが，医学領域以外の人を対象とするような関連領域においても，研究開発の実施にあたって，この宣言に準拠した倫理的配慮をおこなうような要請がなされていた．

2003年に『個人情報の保護に関する法律』（個人情報保護法）が成立した．当初は小規模の事業者には適用されていなかったが，2017年の改正によりすべての事業者に適用されるようになった．この法律により，アンケートや実験等でデータを収集する際に取得した**個人情報**（personal information）を適切に扱うことが法的にも求められることとなった．個人情報とは生存する個人に関する情報であって，特定の個人を識別できるものである．具体的には，氏名，生年月日，個人属性（職種，身体特徴等），本人と識別できる映像情報や音声情報，指紋認証データ，顔認証データ，運転免許証番号等が個人情報に該当する．

大学や研究所では，人を対象とする研究開発を実施する際に事前の審査を実施している．どのような研究に対して事前審査が必要かについては機関により判断が多少異なる．個人情報を扱わない場合，業務により収集したデータを単に統計処理する場合，無記名アンケートを実施する場合等は，倫理審査は不要とされていることも多い．また，どのような事前審査を実施するかは機関により大きな違いがある．

HCIに関係する諸学会においては，倫理指針やガイドラインを公表し，遵守することを会員に求めている[69], [70], [71]．そして，指針やガイドラインに従わないような研究は，学会発表や論文発表ができないように規制されている．各学会HPから入手できるので，一度，内容確認をしておくべきである．以下では，倫理的配慮として求められている事項のいくつか主なものを取り上げる．

人を対象とする研究開発に関する倫理的配慮を検討するにあたっては，まず研究開発の妥当性確認，つまりその研究開発が本当に必要かどうかの確認が必要である．科学技術的側面および倫理的側面から，その研究開発において，人からデータを収集することの必然性や妥当性についての確認をおこなう．過去の先行研究，原則，ガイドラインを参照することで，本当は実施する必要がないデータの収集を避けることができることもある．また，研究開発のやり方を正しく理解することにより，無駄を省くことができることもある．

研究開発の必然性，妥当性を確認した後は，具体的に対象者の人権をどう保護するか，安全をどう確保するかについて考えていく．対象者が被る不利益，発生する可能性がある危険性を洗い出し，それらの対処方法を検討する．

また，各所で情報漏洩《ろうえい》が問題となってきているが，HCI の研究開発においても，対象者の個人情報の保護は重要事項のひとつである．個人に関係する情報が外部に漏洩しないように，適切に管理する必要がある．対象者に説明をした目的以外に使用することも個人情報保護法で禁じられている．データが不要となった場合，あるいは研究が終了しある程度の期間（機関で定められていることが多い）経過後は，データを適切に廃棄しなければならない．

研究開発の概要，生じる可能性のある不利益や危険とその対処方法，情報の管理方法，成果公表時の配慮等を事前に対象者に説明し同意を得ること（基本は文書による）を，**インフォームドコンセント**（informed consent）という．インフォームドコンセントは本人の自由意志に基づくものでなければならない．また，対象者が未成年者である場合は，保護者の同意も必要となる．

成果を公表する場合は，対象者の個人情報，プライバシーを保護する措置が必要である．多くの場合は統計処理をした結果を公表することになるが，サンプルとして個人のデータ（画像を含む）を掲載することもある．このような場合は，個人を特定できないように加工を施すか，掲載に関して本人の同意を改めて取得するかの措置をおこなう．

今後，現在では想像できないような HCI 領域が展開される可能性もあるであろう．しかし，HCI 研究開発においては，人に協力してもらい，人からデータを取得することは，これからもなくなることはない．倫理的観点から研究開発を常に確認をする習慣の形成が望まれる．

6章の課題

□**6.1** 自分が専門家になったつもりで，専門家評価をやってみよう．

□**6.2** 思考発話法をやってみよう．友達とペアになってやってもいいし，自分1人で操作を録画してやってもよい．

□**6.3** アプリケーションの行動分析をやってみよう．

□**6.4** 事象関連電位について調べてみよう．

□**6.5** 1つか2つの統計的仮説検定手法を取り上げ，詳しく調べてみよう．

□**6.6** HCIに関係する学会で作成している，人間を対象とした研究開発実施の倫理指針やガイドラインを確認してみよう．

● アラン ケイ（Alan Kay）1940- ●

アラン ケイはパーソナルコンピュータの父として知られている．ケイはユタ大学で，サザランドのFLEXというグラフィカルコンピュータの開発プロジェクトに参加していた経歴を持つ．

彼はゼロックス社のパロアルト研究所（PARC）で作られたAltoの開発中心メンバのひとりであった．Altoは縦型ビットマップスクリーンとマウスを備え，オーバーラップ型のマルチウィンドウ，マルチフォント，ポップアップメニュー，カット&ペースト等，現在のPC（GUI）の元祖と言えるコンピュータであった（図1，図2）[†]．

また，彼は，1968年，マルチメディア対応の携帯コンピュータについて提唱もおこなっている（ダイナブック構想）[††]．彼が理想としたのは，安価で，本やノートと同じように持ち運びでき，子どもたちも簡単に使うことができるコンピュータであった（図3）．

図1　**Alto**

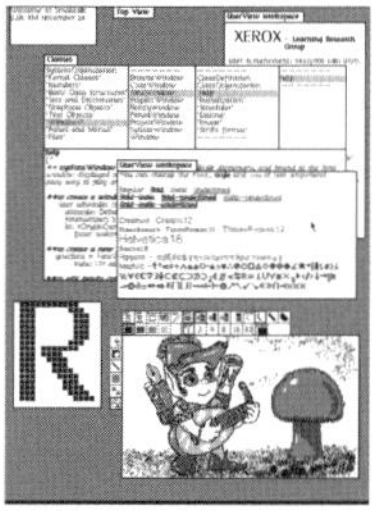

図2　**Altoのスクリーン**

（SUMIM.ST（2017），CC BY-SA 4.0）

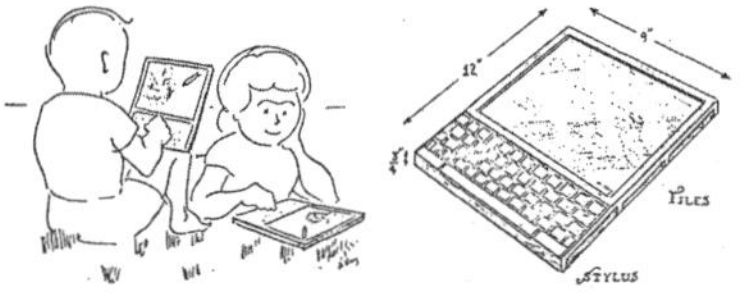

図3　ダイナブック

[†]Kay, A. & Goldberg, A. (1977). Personal dynamic media. *Computer*, 10(3), 31-41.（ACMプレス編，村井純 監訳，浜田敏夫 訳 (1990). ワークステーション原典 アスキー出版局所収 パーソナル・ダイナミックメディア）（鶴岡雄二 訳，浜野保樹 監修 (1992). アラン・ケイ アスキー出版局所収 パーソナル・ダイナミック・メディア）

[††]Kay, A. (1972). A personal computer for children of all ages. *ACM'72: Proceedings of the ACM Annual Conference.*

第7章

進化するHCI

HCI は，非常に面白い時期を迎えている．情報処理に関連する諸々の技術が飛躍的に発展した結果，一昔前であれば夢物語であったような世界が実現できるところ，あるいはその一歩手前に来ている．そして，情報機器は人々の生活の必需品となっており，その利用方法も多様化している．まさに新しい HCI が生まれようとしている状況である．本章では，HCI が深く関わるような，展開領域について学習する．これらの領域はどれも人間の活動を大きく広げてくれる可能性を秘めた領域であり，HCI の在り方に大きな変化をもたらすであろう領域である．本章を学ぶことにより，HCI の未来について考えるきっかけとなることを期待したい．

7.1 バーチャルリアリティ

VR

われわれは感覚器官を通して環境情報を取り込み，その情報を元に脳内で主観的世界を構築している．環境情報をコンピュータで作り出し提示するのが，**バーチャルリアリティ**（virtual reality：**VR**）である．このとき，外界が持つ環境情報をすべてそっくりそのまま作り出す必要はない．テレビや映画が静止画の連続再生で動きを感じさせているように，主観的世界を構築するために必要な情報が提示されていればよい．

小説の世界では古くからVRを予見したような作品がいくつもあるが，実際に稼働するVRの先駆的装置と言えるものは，映画撮影技師であったモートン ハイリグ（Morton Heilig）が1962年に開発したセンソラマであろう．センソラマは据え置き型の五感を刺激する装置であった．コンピュータを用いたシステムとしては，アイバン サザランド（Ivan Sutherland）が開発したシステム（1968年）がHMDを用いたVR（そしてAR）の嚆矢《こうし》と言えるシステムである[72]．1970年代に入ると，フレデリック ブルックス（Frederick Brooks），トーマス ファーネス（Thomas Furness），スコット フィッシャー（Scott Fisher）といった面々が精力的に研究を積み重ね，VR技術の基礎を築いた．

市販された最初のVRシステムは，ジャロン ラニアー（Jaron Lanier）が立ち上げた，VPL Research社のHMDとデータグローブから構成されていたRB2（Reality Built for Two）であった（図7.1）[73]．VRという言葉はこのとき彼が使用したのが広まったと言われている．そして，1992年にはイリノイ大学に図7.2のようなCAVEと呼ばれるVRシステムが誕生した[74]．CAVEは1面約3m四方のスクリーンを4枚使って，ユーザの正面，左右，床面に立体映像を提示する大掛かりなVRシステムであった．

1990年代，VRは最初のブームを迎えた．VRシステムは非常に高価ではあったが，それまでコンピュータとのインタラクションとしてはGUIしかなかった状況において，まったく新しいHCIが登場したことのインパクトは大きかった．そして，2010年代には，大手IT企業がVRベンチャー企業を次々と買収し，VRは再び大きなブームを迎えている．今回は，最初のブームのときとは異なり，普通の人々がVRを実際に体験しようと思えばできる環境になっており，VR の今後の大きな展開と普及が期待されている．

VRの技術

VR システムは自律性(Autonomy), 対話性(Interaction), 臨場性(Presence)の3つの観点で評価することができる（図7.3）[75]．このAIP キューブと呼ばれている3次元空間にプロットすると，VR システムの特徴や完成度が明確となる．

日常生活において，われわれは身動きせずにじっとしていることはまれであり，周囲をぐるっと見回したり，動き回ったり，手を伸ばして物体を触ったり，常に何か探索的な行動をしている．VR システムでは，こういったわれわれの行動をセンシングし，それによって生じるVR 環境変化をシミュレートし，その結果をリアルタイムにわれわれに提示しなければならない（図7.4）．

行動のセンシングには各種センサを用いる．市販されているHMD では，センサ（磁気センサ，加速度センサ，ジャイロスコープ等）が搭載されており，センサ出力により頭部の動きを知ることができる．一方，操作に関しては，HMD メーカから専用コントローラも販売されているが，身体の動きを計測するシステム（Kinect，Leap Motion 等）と組み合わせることもできる．

テレイグジスタンス（telexistance）あるいは**テレプレゼンス**（telepresence）はVR とロボットを組み合わせた技術である．遠隔地に設置したロボットから送られてくる感覚情報をユーザはVR で体験し，ユーザの操作はロボットに送られてロボットの動きとなる．遅延時間が少なければ，ユーザはあたかもロボットの場所にいて，その場を体験しているような感覚を得ることができる．

図7.5 は**複合現実感**（mixed reality：**MR**）の連続体と呼ばれるもので，完全にバーチャルな世界（VR）と現実世界が両極にあり，その連続体の中，やや現実世界よりのところに次項で紹介するAR が位置している[76]．

VRのインタラクション

VR では，人間がVR 世界とリアルタイムでインタラクションする．VR 世界は，現実世界と完全に切り離されているが，多くの場合は，現実世界を模倣し，現実世界と同じ物理法則に従うように構築される．現実世界では，壁があればすり抜けることはできず，穴があれば落ちる．しかし，現在のVR システムでは，そのような映像を提示することはできるが，触覚や前庭感覚（傾き，回転，スピードの感覚）に現実世界がもたらすものと同じ感覚を引き起こさせることはまだ難しい.

このように，VR はまだ発展途上ではあるが，視覚と聴覚を中心にリアルな感覚情報をコンピュータから人間に与えられるような技術が進展してきていることことは非常に大きな意味がある．従来のコンピュータが採用している GUI の世界では，人間は画面を仲介としてコンピュータとインタラクションをしていた．そしてその画面はデスクトップメタファを基本とする 2 次元で構成されるものであった．もちろん，3 次元のアニメーションや映像を提示することはできるが，それは限定されたアプリケーション内だけのことである．ところが VR では，画面を仲介とする点は同じではあるが，現実世界を模倣する 3 次元世界が提供される．現実世界の模倣ではあるが，本質的には現実世界と同じであり，VR は，主観的に感じることのできる，もうひとつの世界の創造である.

VR と社会

AIP キューブで完全と言えるような VR システムはまだできていないが，社会ではもうすでにいろいろなところで VR システムが実際に使われている.

エンタテイメントは VR にいち早く注目した産業のひとつである．映画産業では以前から 3D 映画が制作されていたが，シートが動いたり，風を感じたりする 4DX と呼ばれる体感型シアターが作られ人気となっている．VR を体験的に楽しめるエンタテイメント施設は，世界各地で数多く開館している.

VR シミュレータも普及している VR のひとつである．医療での手術シミュレータ，ドライビングシミュレータ，フライトシミュレータ等，多くの VR シミュレータが体験やトレーニングのために用いられている.

モノづくりの現場でも VR の活用が進んでいる．コンピュータを用いて設計や製造のスピードを上げてコストを下げることをデジタルエンジニアリングというが，そのひとつとして VR が使われている．実際に試作品を作成するには大きな手間と経費がかかるため，VR を導入することのメリットは大きい.

また，VR を心理療法に活用する試みもおこなわれている．例えば，不安障害を抱えるクライアントに対して，治療効果のある体験をさせることで，症状が軽減することが報告されている.

2010 年代後半には，一般の人が VR コンテンツを作ることができるという，これまでにはなかった状況が生じてきている．その一例が動画配信サイトの

YouTube に出てきた，バーチャル YouTuber と 3D 動画である．どちらも比較的容易に作成ができるため，若い人たちを中心に多くの人々がコンテンツを作成し，配信している．

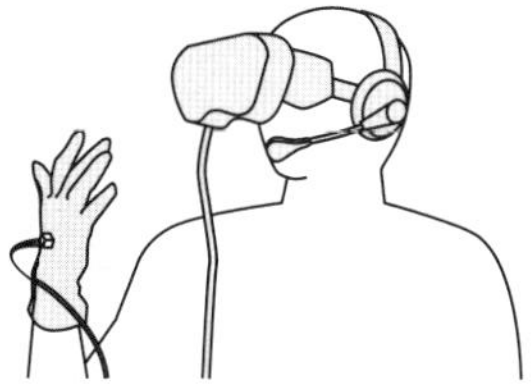

図7.1　**RB2**

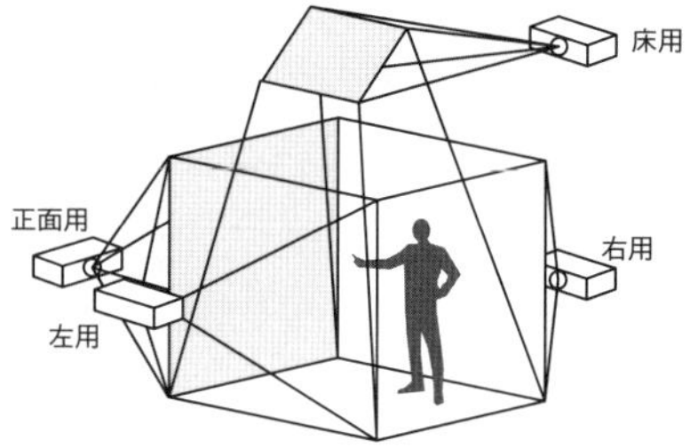

図7.2　**CAVE**

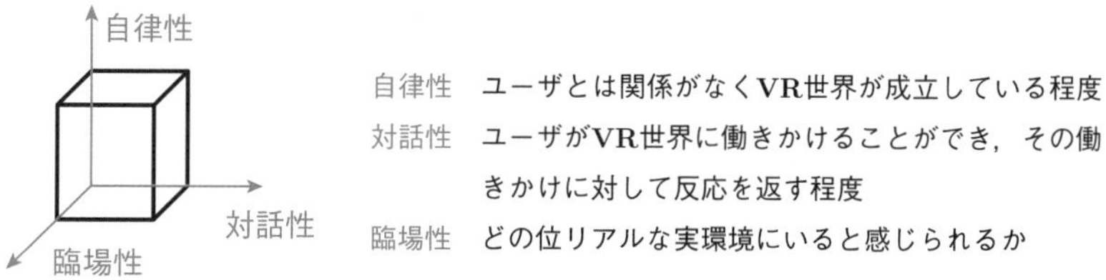

図7.3　**AIP** キューブ

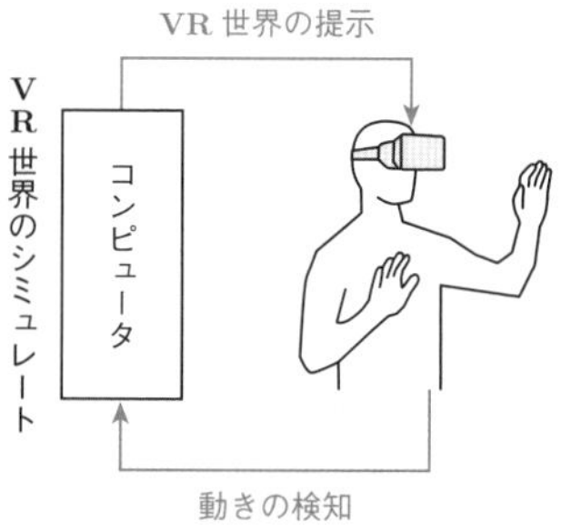

図7.4　**VR** システム

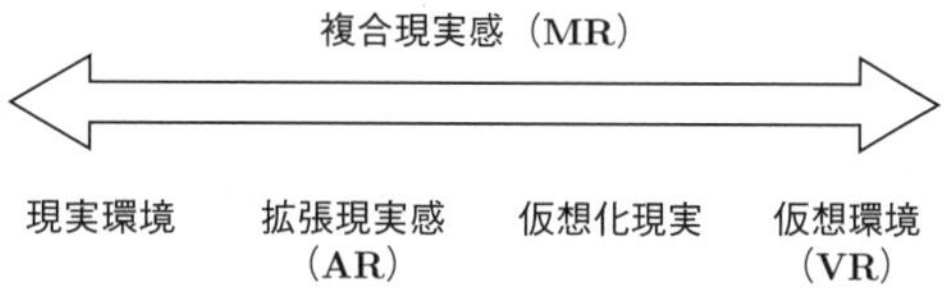

図7.5　**MR** の連続体

7.2 オーグメンテッドリアリティ

AR

VRがコンピュータの世界で閉じたサイバーワールドの技術であるのに対して，リアルワールド（現実世界）にサイバーワールドの情報を重畳表示する技術が**オーグメンテッドリアリティ**（augmented reality：**AR**）である．「augmented」は「増強された」という意味であり，サイバーな何かを追加し現実世界を増強したものがARである．追加される情報を**アノテーション**（annotation）という．ARには重畳表示の他にも特徴があり，ARの定義としては，図7.6に示すものが広く使われている．

ARシステムの始まりは，VRの項目でも紹介したサザランドのシステム（1968年）である[72]．このシステムではCG画像表示には小型CRTが用いられていたが，ハーフミラーを通して現実世界との重畳表示が実現していた．1980年代はARよりもVRが世間からの注目を浴びる傾向にあったが，1990年前後になると，航空機製造の配線工程，超音波を用いた医療診断，プリンタ保守等，ARを適用した研究が相次いで報告され，産業界においてARが関心を持たれるようになった[77],[78],[79]．

ARの技術

ARはVRと異なり，現実空間とバーチャル環境を同時に扱うため，両者の間で整合性をとる必要がある．空間的な位置合わせを**レジストレーション**（registration）という．その方法として，カメラ画像を利用するビジョンベースの手法とGPSや加速度センサ，磁気センサなどの端末デバイス情報を使うセンサベース／ロケーションベースの手法とがある（表7.1）．ビジョンベースはさらにマーカベース，モデルベース，自然特徴ベースに分けられる．マーカベースでは，図7.7のようなARマーカを現実空間に貼っておき，カメラで取得した画像中のマーカの画像を元に，カメラの位置と姿勢，アノテーションする内容を求める．広島市立大学（当時）の加藤博一が開発したARToolKit（1999年）はARコンテンツを簡単に作ることができるライブラリであり，ARの普及に大いに貢献した[80]．モデルベースは，位置合わせに利用する物体を決めておき，その物体の画像と物体の3次元モデルをその物体に一致させることで，位置や姿勢をマッチングさせる．自然特徴ベースは，カメラ画像から抽出できる点や線（自然特徴という）を使って認識する．センサベースは位置情報を使っているため，夜間での利用，屋外での利用に適している．それぞれ長所短所があり，センサベースとビジョンベースとを組み合わせること（センサフュージョン）で精度を高めることができる．

AR では，アノテーションとして，情報を表示する場合，画像を表示する場合，両者を混合させる場合がある．画像を表示する場合は，現実世界には存在しない物体を CG で作成して重畳表示することになる．この場合，幾何学的整合性，光学的整合性，時間的整合性の 3 種類の整合性の問題を解決する必要がある．幾何学的整合性は，バーチャル情報を現実空間内の正しい位置に表示することである．これには隠蔽に関する問題の解決が含まれる．隠蔽とは奥にある物体は手前にある物体によって隠されるという現実世界では当たり前のことである．光学的整合性は，現実世界の物体とバーチャルに作成した物体の画質や陰影をそろえることである．時間的整合性は，バーチャル情報の表示に時間遅延がないようにすることである．

重畳表示の方法については，単眼方式，シースルー方式，投影方式がある．単眼方式は片眼にのみバーチャルな情報を表示することで，擬似的な重畳表示となっている．シースルー方式は図4.4 のような光学的シースルーとビデオシースルーの 2 つの方式があり，それぞれ表7.2 のような特徴がある．投影方式は，現実物体に仮想情報や画像を投影して表示させる．DigitalDesk は机の上にバーチャル情報を重畳表示させる，初期の AR システムである（図7.8）[81]．

AR のインタラクション

AR は VR と違って，現実世界とバーチャル世界を融合させなければならない．このため，バーチャル物体とのインタラクションだけでなく，現実世界に実在する物体とのインタラクションも生じる．

AR システムがおこなう現実空間の認識には，ユーザの認識と対象の認識がある．ユーザの認識とは，ユーザの位置や見ている方向等の認識であり，ユーザが装着あるいは保持している機器の各種センサを用いて取得する．対象の認識は AR システムに映る対象の位置や向き等の認識であり，表7.1 の手法で取得する．

バーチャル物体には触ることができないが，実物体には触ることができる．この違いが AR に VR とは違った面白さ，利用場面をもたらす．DigitalDesk（図7.8）や MagicBook は，実物体を利用してバーチャル情報にアクセスする形態となっている[81], [82]．

ARと社会

AR は現実世界とのつながりという特徴によって，VR よりもより早い段階で，さまざまな産業と結びついて発展していくことが期待されている．特にタブレット端末やスマートフォンの普及が進んでいるため，これらのデバイスを利用した AR アプリ，AR コンテンツが数多く導入されるようになってきている．新聞や雑誌の紙面，商品カタログ，お店等，われわれの身近なところですでに AR を利用したサービスが始まっている（図7.9）．

先駆的なシステムとして知られている AR アプリに「セカイカメラ」（2009-2014）がある．セカイカメラは，現実の光景にコメントやタグをつけることができるという AR の面白さを知らしめたシステムであった．

世間一般の人々に AR という言葉やイメージを浸透させたのは，「ポケモン GO」ではないかと思われる．ポケモン GO は，2016 年に世界中で一大ブームを巻き起こし，ニュースにたびたび取り上げられた．この大ヒットを皮切りに，AR ゲームは今，非常に人気のあるコンテンツのひとつとなっている．

観光 AR ガイドアプリは，すでに普及が始まっている社会での実践応用例である．目的地までの道案内やその場所に関する情報，周辺の観光施設や店舗の情報などさまざまな情報が AR 化されるようになっており，地域の街おこしのキーアイテムともなりつつある．

医療分野は，AR黎明《れいめい》期の頃から AR 応用の場面として期待されてきた分野である．バーチャルな臓器像を実際の人体に重畳して提示する AR ナビゲーションは手術ナビゲーションのひとつである．また，訓練シミュレータも活用されている．

AR は他にも製造，流通・物流，建築，農業，小売等の多くの業界において急速にその導入が進んでいる．それぞれの業界において，教育・訓練の促進や作業の効率化の事例が報告されており，AR の利用拡大傾向は今後ますます強まっていくと考えられている．

- 現実世界と仮想世界の重畳
- 実時間に動作する応答性
- 三次元空間における整合性

図7.6　AR の定義

表7.1　レジストレーションの方法

方法		長所	短所
ビジョンベース	マーカベース	高精度でありかつ安定している	マーカを貼らなければならない
	モデルベース	現実世界に手を加える必要はない 自然特徴ベースよりは計算コストが少ない	3D モデルを用意しなければならない
	自然特徴ベース	現実世界に手を加える必要はない	計算コストが高い 複雑すぎる／単純すぎる環境には向かない
センサベース／ロケーションベース	GPS	屋外であれば安定して利用できる	屋内では利用できない 時間精度が低い 位置情報のみ
	無線 LAN（Wi-Fi）	屋内でも利用できる	時間精度，空間精度共に低い 位置情報のみ
	磁気センサ	精度がよい	動作範囲が狭い 金属が磁場を乱す

図7.7　AR マーカ

表7.2　シースルー方式

方式	長所	短所
光学シースルー	現実世界の見えが自然で時間遅れがない	時間的整合性が崩れることがある．バーチャル情報は半透明に表示され，隠蔽処理が難しい．
ビデオシースルー	複雑な画像処理が可能	AR 表示と現実世界との間で時間遅れが生じることがある

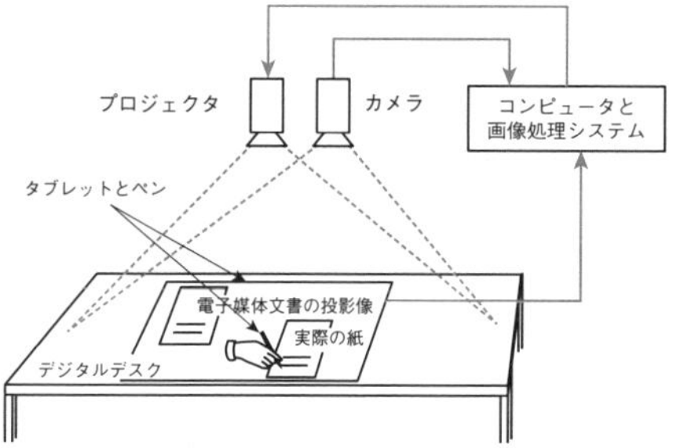

図7.8　DigitalDesk

図7.9　AR の利用イメージ

7.3　人間の意識から消えていくHCI

ユビキタスコンピューティング（ubiquitous computing）は，人がどこにいてもコンピュータとつながっていて，必要なサービスが自然に提供されるような環境を示している．このユビキタスコンピューティングはゼロックス社のパロアルト研究所のマーク ワイザー（Mark Weiser）が1980年代後半に提唱した概念である（図7.10）[83]．東京大学の坂村健が1980年代半ばから推進していったTRONも同様の考え方に基づく日本発のプロジェクトであった．

ユビキタスコンピューティングでは，コンピュータへの入力はキーボードやマウスなど従来の入力インタフェースだけではなく，出力もモニタ画面とは限らない．さまざまなモノ（日用品）に埋め込まれたセンサがわれわれの言葉や動作を感知し，その情報が他のモノと協同的に動作して，サービスを提供する．よって，コンピュータは生活環境の中に溶け込んでいて，人間がコンピュータ自体を意識することはない．

ウェアラブルコンピューティング（wearable computing）もどこでもコンピュータにアクセスできる環境を目指すものであり，MITの学生であったスティーブ マン（Steve Mann）が機器を身につけ研究を始めたのが始まりと言われている[84]．ウェアラブルコンピューティングでは，身体に装着したデバイスを通じてコンピュータにアクセスする．ユビキタスコンピューティングと違い，コンピュータの入出力インタフェースは，従来型インタフェースを長時間装着使用が可能なように発展させた超小型軽量の入力デバイスやメガネ型デバイスなどが使われる．

マンはウェアラブルコンピューティングの特徴として，表7.3の恒久性，増幅性，介在性の3つを挙げている．ウェアラブルコンピューティングの問題点のひとつは装着することの違和感や周囲からの視線であろう．技術革新によりデバイスはどんどん小型軽量化している．しかし，メガネや腕時計レベルにならない限り，日常的に常時身につけるというところまで普及するのは難しい．デジタル腕時計をさらに高機能化したスマートウォッチは，機能はまだ限定的ではあるが，もっとも普及しているウェアラブルデバイスである．

2010年代には，**IoT**（Internet of Things，**モノのインターネット**）という言葉がよく使われるようになってきた．製品の利便性を上げるために，メーカが小型化し安価になったプロセッサをモノに組み込むようになり，さまざまなモノが電子機器化した．そしてモノをインターネットにつなげるようにしたことで，従来にないサービスを提供することができるようになってきている．IoT はユビキタスコンピューティングが現実化したものと捉えることができる．

IoT の発展とともに，今，現実世界から膨大な量のデータ（ビッグデータ）を集めることができるようになってきている．今後は，このビッグデータを解析することで，より利便性の高いサービスが提供できるようになるのではないかと期待されている．

IoT 機器を用いてフィジカル空間（現実世界）から収集した情報をサイバー空間で解析，処理し，その結果をフィジカル空間で活用するようなシステムを，**サイバーフィジカルシステム**（cyber physical systems：**CPS**）と呼ぶ．内閣府の第 5 期科学技術基本計画では，CPS を活用した人間中心の社会を超スマート社会（Society 5.0）とネーミングされている（図7.11）[85]．超スマート社会は国連の「持続可能な開発目標」（sustainable development goals: SDGs）と同じ方向性を持つものである．このような世の中の変革の流れは，ワイザーが最初に構想した，コンピュータが意識から消えていく世界，新しい HCI の世界へと向かっているように感じられる．

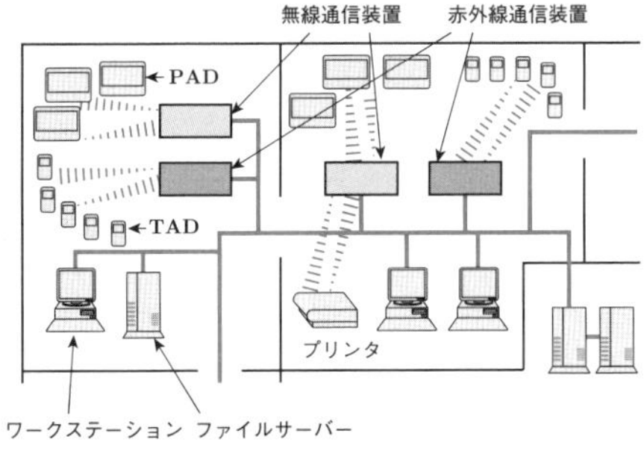

図7.10　ワイザーのユビキタス[83]

表7.3　ウェアラブルコンピューティング

動作モード	意味
恒久性	他の作業をしながらでもいつでも利用できる．
増幅性	人間の能力をパワーアップさせる．
介在性	外界からの情報を取捨選択，加工して人間に伝える．

Society 5.0 超スマート社会
↑
Society 4.0 情報社会
↑
Society 3.0 工業社会
↑
Society 2.0 農工社会
↑
Society 1.0 狩猟社会

図7.11　超スマート社会

7.4 BMI／BCI

脳と機械やコンピュータとをつなげる機器やその技術を**ブレインマシンインタフェース**（brain-machine interface：**BMI**）あるいは**ブレインコンピュータインタフェース**（brain-computer interface：**BCI**）という．両者の使い分けには混乱が見られるが，後述するような区分けによって，侵襲式を BMI，非侵襲式を BCI と呼ぶ場合が多い．

BMI／BCI は，情報伝達の方向によって入力型（あるいは感覚型）と出力型（あるいは運動型）に分けられる．入力型はコンピュータから脳へ情報を伝える場合を，出力型は脳からコンピュータへと情報を伝える場合をいう（図7.12）．

一般的には BMI／BCI はまだ未来の技術というイメージが持たれているが，研究の歴史は古く，医療分野では 1960 年前後から始まっていた．初期の研究例としては，随意運動が不自由になった患者が脳波でコンピュータや外部の機器を操作できるようにするといったものがある．図7.13 は P300 スペラと呼ばれる脳波から患者の伝えたい文字を推定する，1980 年代のシステムである [86]．PC に入力したい文字が画面に出現した際の事象関連電位（P300）（図6.8）の振幅変化を利用するものであった．

21 世紀に入ると，欧米先進国ではこの技術領域に対して莫大《ばくだい》な投資がおこなわれ，その結果，急速な進歩を遂げている．例えば，全身麻痺患者の脳に埋め込んだチップで脳活動を読み込み，患者の意思通りにロボットアームを動かすなどの成果（ブレインゲート）などが報告されている [87]．日本でも 2007 年に，内閣府イノベーション 25 戦略会議作成の長期戦略指針「イノベーション 25」に脳科学の応用研究推進のひとつとして盛り込まれ，研究開発が急速に進んでいる．

BMI／BCI には，外科手術で頭部に電極や装置を埋め込む侵襲式，外科手術を要しない非侵襲式の 2 通りの方式がある．出力型を例にとると，侵襲式は頭蓋骨や頭皮，毛髪等を経由しないため，信号自体はノイズが少なく高品質であるが，脳を損傷する危険性や時間経過と共に免疫反応のため信号品質が低下する問題がある．脳の損傷の可能性をできるだけ避けるために，頭蓋骨と脳の間にシート状の電極を置いて皮質脳波を計測する低侵襲式も開発されている．一方，非侵襲式では，頭部の外側から脳活動を計測する方式であり，脳波，脳磁図，fMRI，NIRS 等が用いられている．この方式は侵襲式と比較すると安全であり，時間経過と共に性能が低下することはないが，信号にノイズが多く混入するため，高度なノイズ除去技術が必要となる．このため，機械学習を活用した技術開発が進められている．

2010 年代後半，巨大 IT 企業等によるこの領域への参入が続いている．各企業が，今後の世界を大きく変える技術として関心を寄せていることがわかる．HCI の観点から BMI ／ BCI を考えた場合，従来とはまったく異なる HCI の世界が展開されることは容易に想像できる．脳波を利用した神経デバイスは，いずれキーボードやマウス，音声デバイスにとって代わる可能性がないとも言い切れない．また，VR や AR 等の技術と BMI ／ BCI とを組み合わせる研究開発も進められている．

BMI ／ BCI が進展すると，他人の脳を操作したり，思考を盗み読みしたりといった問題が発生することが懸念されている．このため，2017 年には研究者らによって，BMI 倫理綱領 3 基準（図7.14）が作られている [88]．

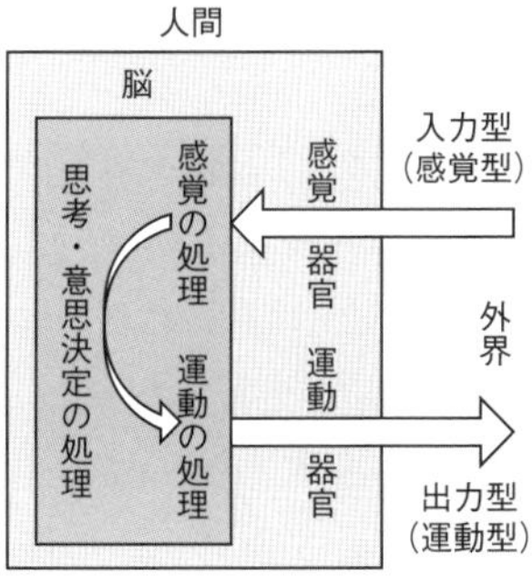

図7.12　**BMI の型**

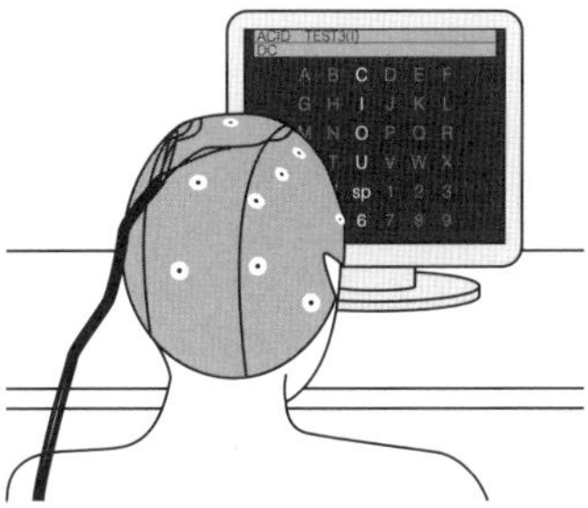

図7.13　**P300 スペラ**

- BMI 動作が引き起こした事故や事件に対する法的責任の明確化（行動責任）
- 読み出した脳情報の保護，脳への不正なアクセス防止（個人情報保護）
- 技術情報の正確かつ迅速な開示に基づく倫理規範の熟成と社会受容の促進（社会啓発）

図7.14　**BMI 倫理綱領 3 基準**

7.5 CSCW

われわれが普段おこなっている作業は，1 人でおこなうものもあれば，他の人と協力しておこなうものもある．他人と協力しておこなう作業の実施形態としては，会議のように時間と空間を共有してお互いの意見を交換して作業を進めるような場合もあれば，時間あるいは空間を共有せずに連絡をとりつつそれぞれあらかじめ決められた役割を遂行して作業を進めるような場合もある．

CSCW（computer supported cooperative work）は，コンピュータによって協調を支援された作業およびそのための技術を指す．CSCW にはネットワーク接続されたコンピュータシステムが用いられるが，携帯情報端末の高性能化，無線通信の高速化により，携帯情報端末を用いた CSCW も増えてきている．

CSCW で使われるアプリケーションの機能としては，表7.4 のようなものがある．これらは別々のアプリケーションに実装され利用されることもあるが，**グループウェア**（groupware）と呼称される，パッケージとして使われることもある．グループウェアの場合は，各機能が連携しているため，利便性の向上が見込める．

CSCW やグループウェアの考え方の歴史は古く，ブッシュのメメックスにその萌《ほう》芽《が》が見られるが，実際に稼働するシステムとして有名であるのは，1960 年代に開発されたエンゲルバートらの NLS である．NLS は，現在，われわれが電子会議で使用している機能の多くを備えている先端的なシステムであった．また，同じ頃，イリノイ大学では PLATO（programmed logic for automated teaching operations）と呼ばれる教育支援のためのコンピュータシステムの開発が進められ，1970 年代にはグループウェアの元祖ともいうべき PLATO Notes がリリースされた[89]．1980 年代に入ると，欧米では実際に CSCW やグループウェアが使われるようになっていったが，1990 年代の代表的グループウェアとして知られている Lotus Notes は PLATO Notes の後継とも言えるものであった．

会社においてグループウェアを導入するメリットとして，情報共有の容易さがある．資料の送付，連絡事項の伝達，単純な内容の問合せや確認，時間の調整など，われわれの用務には当事者間で情報を共有しなければならないものが意外とたくさんある．グループウェアを導入することにより，時間の効率化，経費の削減が期待できる．また，グループウェアを利用すると，関係者が集まって仕事をする必要性が少なくなってくる．このため，在宅勤務の促進，会社の地方への移転など，人々の働き方を変えることができる．

電子会議システムは複数人が音声と映像を共有できるシステムであり，高速通信が利用できるようになったため，急速に普及してきている．電子会議では，単に参加者の顔や声の情報が届くだけでなく，参加者が資料を同じように閲覧できることが重要とされ，この状況は**WYSIWIS**（What you see is what I see）と呼ばれている．

大学の授業をインターネットに公開し，世界中の誰でも無料で受講できるようにした大規模公開オンライン講座を**ムーク**（massive open online course：**MOOC**）という．ムークでは，単に講義を視聴するだけでなく，課題の提出が求められ，所定の要件を満たすと修了証が発行される．2010年前後にアメリカを中心に有名大学が続々とムークを開始し，一流大学の授業が受講できるということで非常に話題となった．Udacity（ユダシティ），Coursera（コーセラ），edX（エデックス）といったムークのプラットフォームが立ち上がった2012年はムーク元年と呼ばれている．ただ，気軽に受講できる反面，受講のモチベーションを維持することが難しく，途中での脱落者が多い．

オンラインゲームやeスポーツといった新しい領域も登場してきている．両方とも仕事や業務ではないが，コンピュータのネットワークを介して他人と協力あるいは競うものである．

表7.4　グループウェア

リアルタイム性	機能
リアルタイム	電子会議システム 遠隔授業システム チャット インスタント・メッセージ
非リアルタイム	電子メール 電子掲示板（BBS） ファイル共有 スケジュール管理 ワークフローシステム 会議室予約

7.6 情報可視化

人間は複雑な情報を理解したり，他の人に伝えたりするために，文字や数字ではなく図で表現することを昔からおこなってきた．それは，図は人間が直感的な理解をするために非常に有効な手段だからである．

コンピュータ画面に図を描かせる研究は1960年代から始まった．コンピュータの性能が向上した1980年代になると，構造計算や流体計算等の結果をCGで画面表示をしたり，医療画像等の計測データを可視化したりできるようになった．このような科学技術分野における可視化は，**サイエンティフィックビジュアライゼーション**（scientific visualization）と呼ばれている．

1990年代になると，社会で見られるさまざまな現象を視覚化することが試されるようになった．このような場合の可視化を**情報可視化**（information visualization）という．情報可視化は**情報デザイン**（information design）の方法としても活用されている．

データを視覚化する際には色や形などさまざまな視覚表現が使われている．カラーの利用可能な機会が増えているため，図や表でも色が多用される傾向があるが，色覚の多様性に配慮して色を使用する必要がある．

インタフェース設計の8つの黄金律（図1.10）の提唱者であるシュナイダーマンは情報可視化の専門家でもある．彼の**視覚情報探索マントラ**（visual information-seeking mantra）「最初に概観表示，次にズームとフィルタ，そして必要に応じて詳細表示」は効果的な情報可視化のプロセスを示したものとして知られている[90]．

データの数が増え，その関係が複雑化すると，従来から用いられてきていたような図の形式では表現をすることができない．このため，1990年代以降，以下に紹介するような新しい図表現が多数，発表されている．その多くは，コンピュータと対話操作をしながら図を作っていくタイプのものであり，その手法を**ビジュアルアナリティクス**（visual analytics）という．

ビジュアルアナリティクスでは，ユーザは図表を操作しながらデータの意味するところを理解していく（図7.15）．最初に提示された図表では理解できない場合には，別の角度から検討するために，ユーザは現在の図表を修正するか，別の形式の図表を作成することになる．

木構造データの場合には，**ツリーマップ**（treemap）が提案されている（図7.16）[91]．ツリーマップは空間充填の考え方を採用したもので，入れ子構造の四角で表現する．グラフ構造のデータに対しては，**エッジバンドリング**（edge bundling）や**コードダイアグラム**（chord diagram）などが提案されている．

紙やコンピュータ画面は縦と横に広がりを持つ2次元であるため，3次元以上のデータを表示するには工夫をすることが必要となる．バルブチャートはそういったときによく用いられる技法のひとつであり，2次元上の位置に加えて，色や円の大きさで追加の情報を表現している．しかし，円や文字が重なって読めなくなってしまうことも多い．

並行座標（parallel coordinates）は軸を平行に並べて多次元データを表現する[92]．隣の軸との間で線がどのようにつながっているかを見ることで軸間の関係を見ることができる．しかし，遠くの軸との間では関係性をつかむことが難しいという問題もある．このため，並行座標をコンピュータ画面に表示させる場合は，軸の位置を交換できるようにしたり，軸の特定の範囲のデータは別の色で表示ができるようにしたりするなどの工夫が考えられている（図7.17）．

画面の表示範囲には限界があるため，大量のデータの全体を表示しようとすると詳細が見えなくなり，逆に細部がわかるように表示すると全体が見えなくなるという相反関係がある．そこで，全体と細部の両方を表示させるために，全体を示しつつ一部を拡大表示するという方法が提案されている．一例として，虫眼鏡で見るときのように一部を拡大して表示する方法，魚眼レンズのように拡大する方法などがある（図7.18）．

拡大表示の方法を表に適用した例として**テーブルレンズ**（tablelens）がある[93]．図7.19では，一部拡大表示されていて，数値を知ることができるようになっている．また，行や列の項目を入れ替えたり非表示としたりすることで，さらにデータを把握しやすくするような工夫もされている．

データが複雑な関連性を持っている場合，インタラクティブ操作が可能な情報可視化をおこなっても，ひとつの図表だけではデータの表現や理解が難しくなる．このような場合は，併置して表示した複数の図表を連動させて解析することが必要となる（図7.20）．そのようなときに利用するデータ可視化ツールはダッシュボードと呼ばれている．

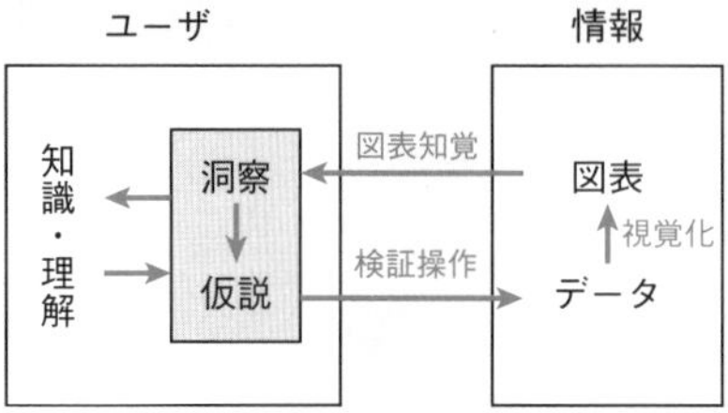

図7.15 ビジュアルアナリティクス

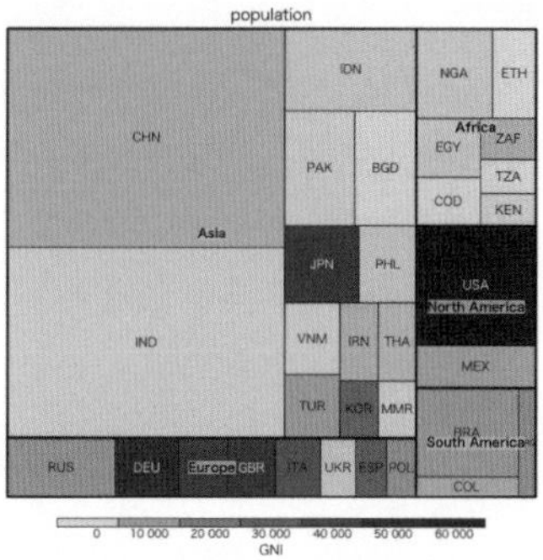

図7.16 ツリーマップ
（R の treemap パッケージのサンプルプログラムを使用して作成）

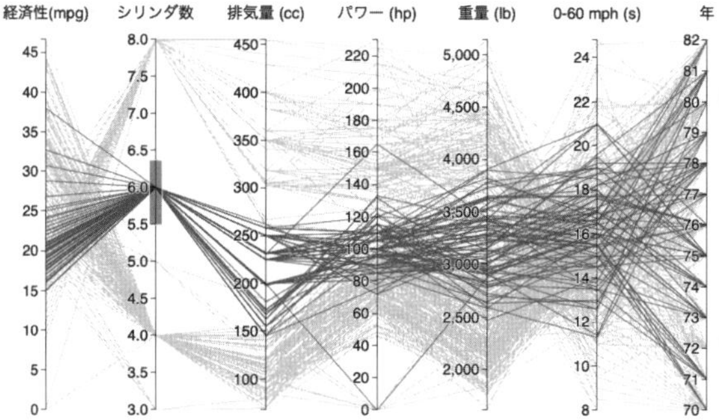

図7.17 並行座標
（https://bl.ocks.org/jasondavies/1341281 のプログラムを改変して作成）

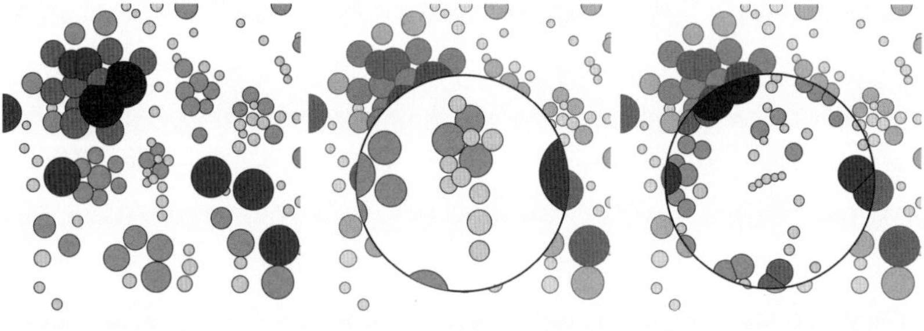

(a) 通常表示 (b) 単純な拡大表示 (c) 魚眼レンズ表示

図7.18 拡大表示の例 [94]

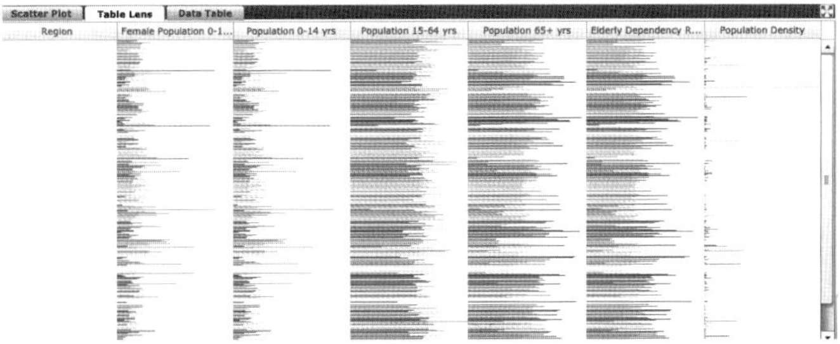

(a) 全体表示

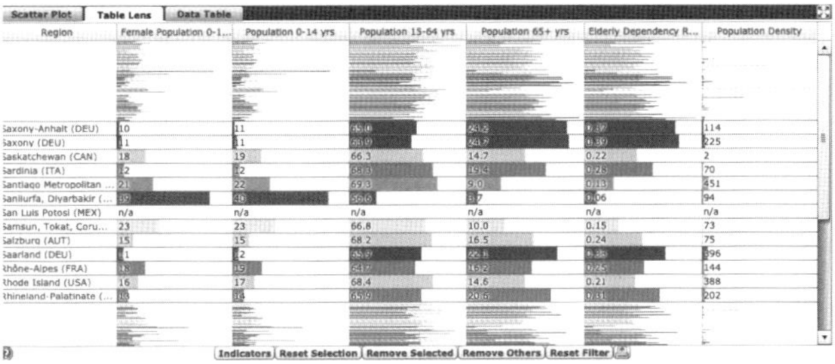

(b) 部分拡大表示

図7.19 テーブルレンズ（**OECD eXplorer**）

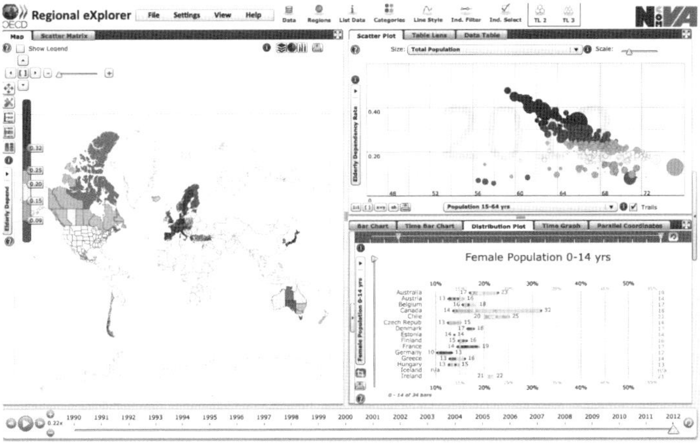

図7.20 ダッシュボードの例（**OECD eXplorer**）

7.7 インタラクティブアート，メディアアート

コンピュータはアートの世界にも大きな影響を与えている．コンピュータやその他の電子機器等を利用した芸術は**メディアアート**（media art）と呼ばれている．インターネット経由で視聴できる作品もあれば，ある空間にインスタレーション（観客が展示空間を含めて鑑賞する作品形態）として設置されるような作品もある．ジャンルとしてのメディアアートの成立は1980年代と言われているが，メディアアートの源流は1950年代頃あるいはその前にまで遡ることができる．

観客の動きや操作によって作品が変化する**インタラクティブアート**（interactive art）は，メディアアートの一分野であり，非常に人気が高い．国内ではライゾマティクスやチームラボなどによる作品展示も多く，一般の人々がインタラクティブアートに触れる機会が増えてきている．

インタラクティブアートでは，観客のタッチパネル操作や，センサで検知した観客の動きがコンピュータの入力となり，映像や音などが作られていく．このコンピュータと人間のインタラクションは一度限りで終わるものではなく，観客がコンピュータが作る映像や音などを視聴して次の操作や動きをすると，コンピュータが新たな映像や音などを提示する．インタラクティブアートでは，こういった観客とコンピュータの連続する双方向のインタラクションが作品となっている．

インタラクティブアートは1960年代頃から始まったと見られているが，マイロン クルーガー（Myron W. Krueger）はインタラクティブアートの創成期に活躍したひとりである．彼が1960年代後半から1970年代半ばに発表したGLOWFLOW，METAPLAY，VIDEOPLACEなどでは，観客が動くとその動きがさまざまに装飾されてスクリーンに映し出されるようになっていた．観客の動きを検出するためには観客に装置を身につけてもらう方法もあるが，彼は装置を身体につけない非装着型をほぼ一貫して採用した．そのためには環境のいたるところで人の動きを検知するような仕組みが必要であった（図7.21）．図7.22のHanging by a threadでは，紐《ひも》にぶら下がっているのが観客であり，観客は身体を動かすことでブランコのように揺らすことができる．さらに，紐をぶら下げている手は別のシステム（VIDEODESK）の参加者の手であり，双方の観客がお互いの動きを見ながら楽しむことができる．

1989年にジェフリー ショー（Jeffrey Shaw）が発表した「レジブル シティ」

（the legible city）では，自転車がコンピュータへの入力インタフェースとなっていた（図7.23）．観客は巨大なスクリーンの前に固定された自転車をこいで街（建物は立体のアルファベット）をサイクリングし，文字を読む（レジブル）ことができた．

藤幡正樹の 1995 年の作品「ビヨンドページーズ」（beyond pages）は，机の上のバーチャルな絵本にペンでタッチすると絵が動き出すようになっている（図7.24）．タッチに反応して動くのは絵本の中の描画された物体だけでなく，部屋の卓上ライトやドア（投影像）も，絵本のタッチに反応するといったバーチャルとリアルの世界がインタラクトする仕掛けも施されていた．

ジェネラティブアート（generative art）は，コンピュータのアルゴリズムによって作品を自律的に作り出すアートである．作品を鑑賞する人間との相互のインタラクティブ性はないが，コンピュータが作り出す作品は見る人の興味を引きつける不思議な力を持っている．生成プロセスにおいて偶然性が使われているため，ジェネラティブアートは再現することが不可能な，1 回限りのアートである．

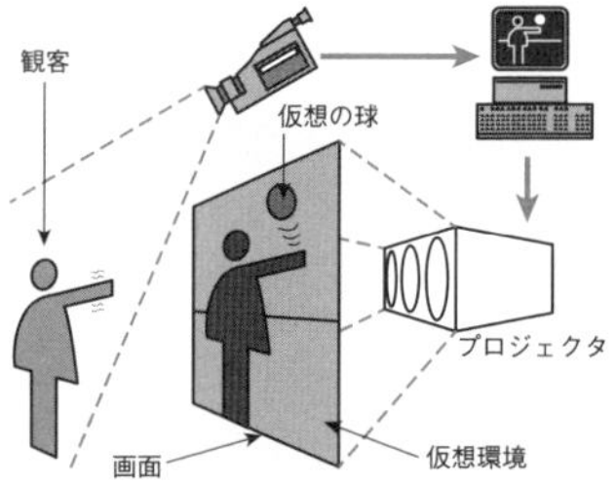

図7.21　**VIDEOPLACE の仕組み** [95]

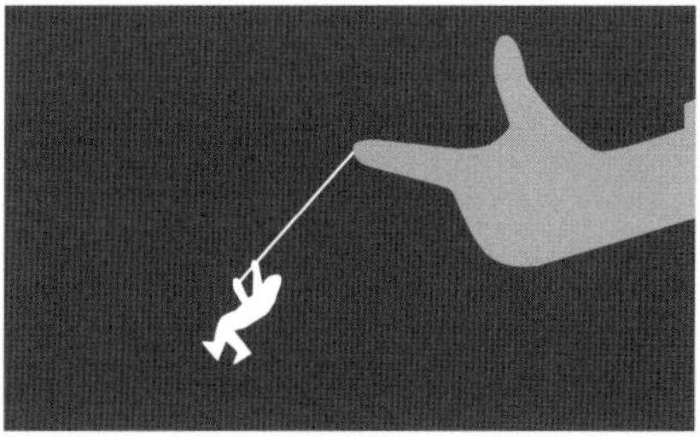

図7.22　**Hanging by a thread** [96]

図7.23　レジブルシティ

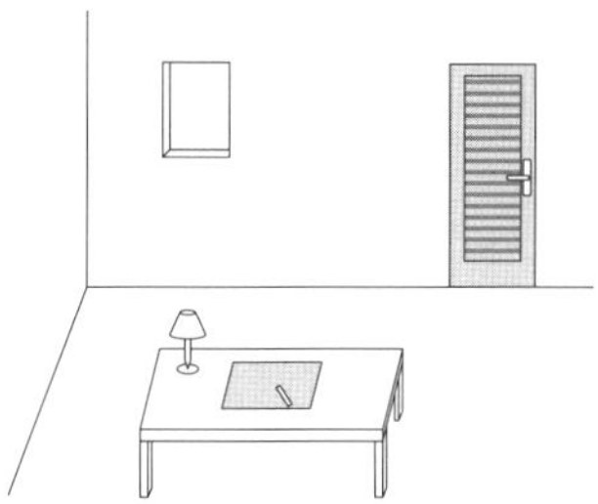

図7.24　ビヨンドページーズの全体図

推薦動画

- RB2　https://youtu.be/E1q9zDSAQEw
- CAVE　https://youtu.be/Sf6bJjwSCE
- DigitalDisk　https://youtu.be/S8lCetZ_57g
- ブレインゲート　https://youtu.be/QRt8QCx3BCo
- VIDEOPLACE　http://youtu.be/dqZyZrN3Pl0
- レジブルシティ　https://youtu.be/61l7Y4MS4aU
  https://www.jeffreyshawcompendium.com/portfolio/legible-city/
- ビヨンドページーズ　https://zkm.de/en/media/video/beyond-pages

7章の課題

□**7.1**　まだ VR や AR を体験したことがなければ，体験してみよう．

□**7.2**　VR や AR が社会に及ぼす影響について，もっと調べてみよう．

□**7.3**　超スマート社会（Society 5.0）について調べてみよう．

□**7.4**　急速な進歩を遂げる BMI ／ BCI について，最近の潮流や最新の成果を調べてみよう．

□**7.5**　遠隔会議や遠隔講義システムなどの CSCW が使えるのであれば使ってみよう．そして，使いにくい点，改善点などを考えてみよう．

□**7.6**　ビジュアルアナリティクスを試してみよう．

□**7.7**　インタラクティブアートをぜひ実際に体験してみよう．体験できる施設が近くにない場合は，YouTube などの動画を視聴してみよう．

文　　献

引用文献

［1］ Norman, D. A. (1986). Cognitive engineering. In D. A. Norman & S. W. Draper (Eds.) User centered system design: New perspectives on human-computer interaction. Lawrence Erlbaum Associates.

［2］ Norman, D. A. (1988). The psychology of everyday things. Basic Books.（D. A. ノーマン 著，野島久雄 訳 (1990). 誰のためのデザイン？ 新曜社）

［3］ Rogers, E. M. (1962). Diffusion of innovations. Free Press of Glencoe.（E. M. ロジャーズ 著，三藤利雄 訳 (2007). イノベーションの普及 翔泳社）

［4］ Weizenbaum, J. (1966). ELIZA: A computer program for the study of natural language communication between man and machine. *Communications of the ACM*, 9(1), 36-45.

［5］ Weizenbaum, J. (1976). Computer power and human reason. Freeman & Company.（J. ワイゼンバウム 著，秋葉忠利 訳 (1979). コンピュータパワー サイマル出版）

［6］ Grice, H. P. (1975). Logic and conversation. In P. Cole & J. L. Morgan (Eds.) Syntax and Semantics Volume 3. Academic Press.

［7］ Smith, S. L. & Mosier, J. N. (1986). Guidelines for designing user interface software. ESD-TR-86-278, MITRE.

［8］ Shneiderman, B. (1987). Designing the user interface: Strategies for effective human-computer interaction. Addison-Wesley.

［9］ JIS X 25010 (2013). システム及びソフトウェア製品の品質要求及び評価（SQuaRE）―システム及びソフトウェア品質モデル 日本規格協会

［10］ JIS Z 8530 (2019). 人間工学―インタラクティブシステムの人間中心設計 日本規格協会

［11］ JIS Z 8071 (2017). 規格におけるアクセシビリティ配慮のための指針 日本規格協会

［12］ 英国内務省 (2016). https://github.com/UKHomeOffice/posters/blob/master/accessibility/dos-donts/posters_en-UK/accessibility-posters-set.pdf

［13］ JIS X 8341-3 (2016). 高齢者・障害者等配慮設計指針―情報通信における機器，ソフトウェア及びサービス―第 3 部：ウェブコンテンツ 日本規格協会

[14] 総務省 (2016). みんなの公共サイト運用ガイドライン（2016 年版）（http://www.soumu.go.jp/main_content/000439213.pdf）

[15] Morvill, P. (2004). User experience design. https://semanticstudios.com/wp-content/uploads/2004/06/honeycomb.jpg

[16] Garrett, J. J. (2003). The elements of user experience: User-centered design for the web. Pearson Education.（J. J. Garrett 著，ソシオメディア株式会社 訳 (2005). ウェブ戦略としての「ユーザーエクスペリエンス」—5 つの段階で考えるユーザー中心デザイン 毎日コミュニケーションズ）

[17] Garrett, J. J. (2011). The elements of user experience (2nd edition): User-centered design for the web and beyond. New Riders.

[18] Fechner, G. (1966). Elements of psychophysics. (Transl. by Adler, H. E.), Holt, Reinhart and Winston. (https://archive.org/details/elementederpsych001fech)（オリジナルは 1860 年出版）

[19] Stevens, S. S. (1957). On the psychophysical law. *Psychological Review*, 64(3), 153-181.

[20] McGurk, H. & MacDonald, J. (1976). Hearing lips and seeing voices, *Nature*, 264(5588), 746-748.

[21] Botvinick, M. & Cohen, J. (1998). Rubber hands ‘feel’ touch that eyes see, *Nature*, 391(6669), 756.

[22] Palmer, S. E. (1999). Vision Science: Photons to phenomenology. A Bradford Book.

[23] ISO 7029 (2018). Acoustics – Statistical distribution of hearing thresholds related to age and gender. International Electrotechnical Commission.

[24] Nakagawa, S., Shirakata, H., Yamao, M. & Sakai, T. (1980). Differences in feature parameters of Japanese vowels with sex and age. *Studia Phonologia*, 14, 33-51.

[25] Atkinson, R. C. & Shiffrin, R. M. (1971). The control of short-term memory. *Scientific American*, 225(2), 82-90.

[26] Miller, G. A. (1956). The magical number seven, plus or minus two: Some limits on our capacity for processing information. *Psychological Review*, 63(2), 81-97.

[27] Cowan, N. (2010). The magical mystery four: How is working memory capacity limited, and why? *Current Directions in Psychological Science*, 19(1), 51-57.

[28] Squire, L. R. (1987). Memory and brain. Oxford University Press.（L. R. スクワイア 著，河内十郎 訳 (1989). 記憶と脳—心理学と神経科学の統合 医学書院）

[29] Baddeley, A. D. & Hitch, G. (1974). Working memory. *The Psychology*

of Learning and Motivation, 8, 47-89.

[30] Baddeley, A. D. (2010). Working memory. *Current Biology*, 20(4), R136-R140.

[31] Csikszentmihalyi, M. (1990). Flow: The psychology of optimal experience. Harper & Row.（M. チクセントミハイ 著，今村浩明 訳 (1996). フロー体験―喜びの現象学 世界思想社）

[32] Cherry, E. C. (1953). Some experiments on the recognition of speech, with one and with two ears. *The Journal of the Acoustical Society of America*, 25(5), 975-979.

[33] Chabris, C. & Simons, D. (2010). The invisible gorilla: And other ways our intuitions deceive us. Harmony.（C. チャブリス，D. シモンズ 共著，木村博江 訳 (2014). 錯覚の科学 文春文庫）

[34] Treisman, A. (1985). Preattentive processing in vision. *Computer Vision, Graphics, and Image Processing*, 31(2), 156-177.

[35] Wickens, C. D. (1984). Processing resources in attention. In R. Parasuraman & R. Davies (Eds.) Varieties of attention. Academic Press.

[36] Stroop, J. R. (1935). Studies of interference in serial verbal reactions. *Journal of Experimental Psychology*, 18(6), 643-662.

[37] Lakoff, G. & Johnson, M. (1980). Metaphors we live by. University of Chicago Press.（G. レイコフ，M. ジョンソン 著，渡部昇一，楠瀬淳三，下谷和幸 共訳 (1986). レトリックと人生 大修館書店）

[38] Johnson-Laird, P. N. (1983). Mental models: Towards a cognitive science of language, inference, and consciousness. Cambridge University Press.（P. N. ジョンソン＝レアード 著，海保博之 監修，AIUEO 訳 (1988). メンタルモデル―言語・推論・意識の認知科学 産業図書）

[39] Hick, W. E. (1952). On the rate of gain of information. *Quarterly Journal of Experimental Psychology*, 4(1), 11-26.

[40] Hyman, R. (1953). Stimulus information as a determinant of reaction time. *Journal of Experimental Psychology*, 45(3), 188-196.

[41] Fitts, P. M. (1954). The information capacity of the human motor system in controlling the amplitude of movement. *Journal of Experimental Psychology*, 47(6), 381-391.

[42] Accot, J. & Zhai, S. (1997). Beyond Fitts' law: Models for trajectory-based HCI tasks. *Proceedings of ACM CHI '97*, 295-302.

[43] Le, Q. V., Ranzato, M., Monga, R., Devin, M., Chen, K., Corrado, G. S., Dean, J. & Ng, A. Y. (2012). Building high-level features using large scale unsupervised learning. *Proceedings of the 29th International conference on machine learning.* (http://static.googleusercontent.

com/media/research.google.com/ja//archive/unsupervised_icml2012.pdf)

[44] Zue, V., Glass, J., Goodine, D., Leung, H., Phillips, M., Polifroni, J. & Seneff, S. (1991). Integration of speech recognition and natural language processing in the MIT VOYAGER system. *Proceedings of International Conference on Acoustic, Speech, and Signal Processing*, 713-716.

[45] Price, P. J. (1990). Evaluation of spoken language systems. *HLT'90: Proceedings of the Workshop on Speech and Natural Language*, 91-95.

[46] Ueno, S., Adachi, F., Komatani, K., Kawahara, T. & Okuno H. G. (2007). Bus information system based on user models and dynamic generation of voiceXML scripts. In A. Sakurai, K. Hasida & K. Nitta (Eds.) New frontiers in artificial intelligence LNAI3609, Springer.

[47] Norman, D. A. (2013). The design of everyday things. Revised and expanded edition. Basic Books. （D. A. ノーマン 著，岡本明，安村通晃，伊賀総一郎，野島久雄 共訳 (2015). 誰のためのデザイン？ 増補・改訂版 新曜社）

[48] Watson, N. (2020). Material elevation illustration. (https://codepen.io/nw/details/rVdPQW/)

[49] van den Oord, A., Dieleman, S., Zen, H., Simonyan, K., Vinyals, O., Graves, A., Kalchbrenner, N., Senior, A. & Kavukcuoglu, K. (2016). WaveNet: A generative model for raw audio. arXiv:1609.03499.

[50] Cooper, A. (2004). The inmates are running the Asylum: Why high-tech products drive us crazy and how to restore the sanity (2nd edition). Sams.（初版は 1999 年出版）（A. クーパー 著，山形浩生 訳 (2000). コンピュータは、むずかしすぎて使えない！　翔泳社）

[51] Cooper, A., Reimann, R. & Cronin, D. (2007). About Face 3: The essentials of interaction design. Wiley Publishing. （A. Cooper, R. Reimann, D. Cronin 共著，長尾高弘 訳 (2008). About Face 3―インタラクションデザインの極意 アスキー・メディアワークス）

[52] JIS Z 8520 (2008). 人間工学―人とシステムとのインタラクション―対話の原則 日本規格協会

[53] Apple Computer (1987). Huma Interface Guidelines. Addison-Wesley.

[54] Shneiderman, B., Plaisant, C., Cohen, M., Jacobs, S. & Elmqvist, N. (2017). Designing the user interface: Strategies for effective human-computer interaction (6th edition). Pearson.

[55] Nielsen, J. (1993). Usability engineering. Academic Press. （J. ニールセン著，篠原稔和 監訳 (2002). ユーザビリティエンジニアリング原論―ユーザのためのインタフェースデザイン第 2 版 東京電機大学出版局）

[56] JIS Z 8907 (2012). 空間的方向性及び運動方向―人間工学的要求事項 日本規格協会

[57] JIS X 8522 (2006). 人間工学—視覚表示装置を用いるオフィス作業—情報の提示 日本規格協会

[58] Nielsen, J. & Pernice, K. (2010). Eyetracking web usability. New Riders.

[59] Snyder, C. (2003). Paper prototyping. Elsevier.（C. Snyder 著，黒須正明 監訳 (2004). ペーパープロトタイピング—最適なユーザインタフェースを効率よくデザインする オーム社）

[60] Nielsen, J. (2000). Why you only need to test with 5 users. (https://www.nngroup.com/articles/why-you-only-need-to-test-with-5-users/)

[61] Polson, P. G., Lewis, C., Rieman, J. & Wharton, C. (1992). Cognitive walkthroughs: A method for theory-based evaluation of user interfaces. *International Journal of Man-Machine Studies*, 36(5), 741-773.

[62] Ericsson, K. A. & Simon, H. A. (1980). Verbal reports as data. *Psychological Review*, 87(3), 215-251.

[63] 鱗原晴彦，古田一義，田中健一，黒須正明 (1999). 設計者と初心者ユーザーの操作時間比較によるユーザビリティ評価手法. ヒューマンインタフェースシンポジウム'99

[64] Pernice, K. (2017). F-shaped pattern of reading on the web: Misunderstood, but still relevant (even on mobile). (https://www.nngroup.com/articles/f-shaped-pattern-reading-web-content/)（Pernice (2017). Web の読み方の F 字型パターン：誤解もあるが、今も（そしてモバイルでも）重要 https://u-site.jp/alertbox/f-shaped-pattern-reading-web-content）

[65] Cooper, R., Osselton, J. W. & Shaw, J. C. (1980). EEG technology (3rd edition) Butterworth.（R. Cooper，J. W. Osselton，J. C. Shaw 著，石崎博，斉藤正己，畑田耕志 訳 (1984). EEG テクノロジー 星和書店）

[66] 日本臨床神経生理学会 編 (2019). 誘発電位測定マニュアル 2019 診断と治療社

[67] Andreassi, J. L. (1980). Psychophysiology: Human behavior and physiological response. Oxford University Press.（J. L. アンドレアッシ 著，辻敬一郎，伊藤法瑞，伊藤元雄，杉下守男，三宅俊治 共訳 (1985). 心理生理学：ヒトの行動と生理的反応 ナカニシヤ出版）

[68] World Medical Association (2013). Declaration of Helsinki: Ethical principles for medical research involving human subjects. (http://dl.med.or.jp/dl-med/wma/helsinki2013e.pdf)（初版は 1964 年）（世界医師会 著，日本医師会 訳 (2013). ヘルシンキ宣言—人間を対象とする医学研究の倫理的原則）（http://dl.med.or.jp/dl-med/wma/helsinki2013j.pdf）

[69] 日本人間工学会 (2009). 人間工学研究のための倫理指針 日本人間工学会（https://www.ergonomics.jp/official/page-docs/product/report/JES_Rinri_Guideline_20091113.pdf）

[70] ヒューマンインタフェース学会. ヒューマンインタフェース研究開発のため

の倫理指針 ヒューマンインタフェース学会（https://www.his.gr.jp/office/ethical_guidelines.html）

[71] 日本心理学会 (2011). 日本心理学会倫理規程（第3版）日本心理学会（初版は2009年）（https://psych.or.jp/wp-content/uploads/2017/09/rinri_kitei.pdf）

[72] Sutherland I. E. (1968). A head-mounted three dimensional display. *Proceedings of AFIPS 68*, 757-764.

[73] Blanchard, C., Burgess, S., Harvill, Y., Lanier, J., Lasko, A., Berman, M. & Teitel, M. (1990). Reality built for two: A virtual reality tool. *Proceedings of the 1990 Symposium on Interactive 3D Graphics*, 35-36.

[74] Cruz-Neira, C., Sandin, D. J., DeFanti, T. A., Kenyon, R. V. & Hart, J. C. (1992). The cave: Audio visual experience automatic virtual environment. *Communications of the ACM*, 35(6), 64-72.

[75] Zeltzer, D. (1992). Autonomy, interaction, and presence. *Presence*, 1(1), 127-132.

[76] Milgram, P. & Kishino, F. (1994). A taxonomy of mixed reality visual displays. *IEICE Transactions on Information Systems*, E77-D, 12, 1321-1329.

[77] Caudell, T. P. & Mizell, D. (1992). Augmented reality: An application of heads-up display technology to manual manufacturing processes. *Proceedings of the Twenty-Fifth Hawaii International Conference on System Sciences*, 659-669.

[78] Bajura, M., Fuchs, H. & Ohbuchi, R. (1992). Merging virtual objects with the real world: Seeing ultrasound imagery within the patient. *Computer Graphics*, 26(2), 204-210.

[79] Feiner, S., Macintyre, B. & Seligmann, D. (1993). Knowledge-based augmented reality. *Communications of the ACM*, 36(7), 53-62.

[80] Kato, H. & Billinghurst, M. (1999). Marker tracking and HMD calibration for a video-based augmented reality conferencing system. *Proceedings 2nd IEEE and ACM International Workshop on Augmented Reality*, 85-94.

[81] Wellner, P. (1993). Interacting with paper on the digitaldesk. *Communications of the ACM*, 36(7), 87-96.

[82] Billinghust, M., Kato, H. & Poupyrev, I. (2001). The MagicBook: A transitional AR interface. *Computers & Graphics*, 25, 745-753.

[83] Weiser, M. (1991). The computer for the 21st century. *Scientific American*, 265(3), 94-104.

[84] Mann, S. (1997). VibraVest/ThinkTank. *Proceedings of the Eight International Symposium on Electronic Art*, 22-27.

[85] 内閣府 HP, Society 5.0. https://www8.cao.go.jp/cstp/society5_0/index.html

[86] Farwell, L. A. & Donchin, E. (1988). Talking off the top of your head: Toward a mental prosthesis utilizing event-related brain potentials. *Electroencephalography and Clinical Neurophysiology*. 70, 510-523.

[87] Hochberg, L. R., Bacher, D., Jarosiewicz, B., Masse, N. Y., Simeral, J. D., Vogel, J., Haddadin, S., Liu, J., van der Smagt, P. & Donoghue, J. P. (2012). Reach and grasp by people with tetraplegia using a neurally controlled robotic arm. *Nature*, 485 (7398), 372-375.

[88] Clausen, J., Fetz, E., Donoghue, J., Ushiba, J., Spörhase, U., Chandler, J., Birbaumer, N. & Soekadar, S. R. (2017). Help, hope, and hype: Ethical dimensions of neuroprosthetics—Accountability, responsibility, privacy, and security are key. *Science*, 356, 6345.

[89] developerWorks Lotus. Lotus Notes/Domino の歴史. https://www.ibm.com/developerworks/jp/lotus/library/ls-NDHistory/index.html

[90] Shneiderman, B. (1996). The eyes have it: A task by data type taxonomy for information visualization. *Proceedings 1996 IEEE Symposium on Visual Languages*, 336-343.

[91] Shneiderman, B. (1992). Tree visualization with tree-maps: 2-d space-filling approach. *ACM Transactions on Graphics*, 92-99.

[92] Inselberg, A. & Dimsdale, B. (1990). Parallel coordinates: A tool for visualizing multi-dimensional geometry. *Proceedings of the 1st Conference on Visualization '90*, 361-378.

[93] Rao, R. & Card, S. K. (1994). The table lens: Merging graphical and symbolic representations in an interactive Focus+Context visualization for tabular information. *Proceedings of the SIGCHI conference on Human Factors in Computing Systems*, 318-322.

[94] Tominski, C., Gladish, S., Kister, U., Dachselt, R. & Schumann, H. (2014). A survey on interactive lenses in visualization. *EuroVis State-of-the-Art Reports*, Eurographics Association, 43-62. Doi:10.2312/eurovisstar.20141172.

[95] https://aboutmyronkrueger.weebly.com/videoplace.html

[96] Krueger, M. (1991). Artificial reality II. Addison-Wesley.（M. クルーガー 著，下野隆生 訳 (1991). 人工現実 トッパン）

引用文献以外の主な参考文献

[97] 宇野雄 (2014). フラットデザインで考える新しいUIデザインのセオリー 技術評論社

[98] 岡田謙一，西田正吾，葛岡英明，仲谷美江，塩澤秀和 (2016). IT Text ヒューマンコンピュータインタラクション 改訂2版 オーム社

[99] 河野道成 (2018). 音声に未来はあるか？ 日経 BP 社
[100] 河原達也 (2013). 音声対話システムの進化と淘汰：歴史と最近の技術動向. 人工知能学会誌, 28(1), 45-51.
[101] 北原義典 (2019). イラストで学ぶ ヒューマンインタフェース 改訂第 2 版 講談社
[102] 金城辰一郎 (2016). チャットボット：AI とロボットの進化が変革する未来 ソーテック社
[103] 黒須正明, 暦本純一 (2018). 改訂版 コンピュータと人間の接点 放送大学教育振興会
[104] 楠見孝 (2002). インタフェースデザインにおけるメタファ：デスクトップから仮想空間、そして言語への回帰. デザイン学研究, 10(1), 64-73.
[105] 佐藤好彦 (2013). フラットデザインの基本ルール：Web クリエイティブ&アプリの新しい考え方 インプレスジャパン
[106] 志堂寺和則 (2019). ヒューマンインタフェース コロナ社
[107] 白井雅人, 森公一, 砥綿正之, 泊博雅（編） (2008). メディアアートの教科書 フィルムアート社
[108] 高橋秀明 (2020). 新訂 ユーザ調査法 放送大学教育振興会
[109] 平川正人 (2015). コンピュータと表現：人間とコンピュータの接点 数理工学社
[110] Bailenson, J. (2018). Experience on demand: What virtual reality is, how it works, and what it can do. W. W. Norton. （J. ベイレイソン 著, 倉田幸信 訳 (2018). VR は脳をどうかえるか？ 仮想現実の心理学 文藝春秋）
[111] Dix, A., Finlay, J. E., Abowd, G. D. & Beale, R. (2003). Human-computer interaction (3rd edition). Prentice Hall.
[112] MacKenzie, I. S. (2013). Human-computer interaction: An empirical research perspective. Morgan Kaufmann.
[113] Mazza, R. (2009). Introduction to information visualization. Springer. （R. Mazza 著, 中本浩 訳 (2011). 情報を見える形にする技術 ボーンデジタル）
[114] Sharp, H., Preece, J. & Rogers, Y. (2019). Interaction design: Beyond human-computer interaction (5th edition). Wiley.
[115] D. Schmalstieg, T. Hollerer 著, 池田聖, 酒田信親, 山本豪志朗 編, 池田聖, 一刈良介, 大槻麻衣, 河合和彦, 酒田信親, 武富貴史, 藤本雄一郎, 森尚平, 山本豪志朗 訳 (2018). AR の教科書 マイナビ出版
[116] U.S. Department of Health & Human Service. https://www.usability.gov/index.html

索　　引

た 行

な 行

は 行

ま　行

や　行

ら　行

わ　行

欧 字

著者略歴

志《し》 堂《どう》 寺《じ》 和《かず》 則《のり》

1992 年　九州大学大学院文学研究科心理学専攻博士後期課程
　　　　単位取得退学

1996 年　九州大学大学院システム情報科学研究科助教授

現　在　九州大学大学院システム情報科学研究院教授
　　　　（2009 年～），博士（文学）

専門

ヒューマンインタフェース，認知科学，感性科学，交通科学

主要著書

『ヒューマンインタフェース』（単著）（コロナ社）
『運動反応の心理メカニズム』（単著）（九州大学出版会）
『交通心理学』（分担）（北大路書房）
『だまされる脳：バーチャルリアリティと知覚心理学入門』（分担）（講談社）
『人工現実感の基礎』（分担）（培風館）
『大切な親に、これなら「決心」させられる！　免許返納セラピー』（監修）（講談社）

情報工学レクチャーテキスト＝QKC-10
レクチャー ヒューマンコンピュータインタラクション

2021 年 2 月 10 日©　　　　初　版　発　行

著者　志堂寺和則　　　　発行者　矢 沢 和 俊
　　　　　　　　　　　　印刷者　小宮山恒敏

【発行】　　　　　　　　株式会社　**数理工学社**
〒 151–0051　東京都渋谷区千駄ヶ谷 1 丁目 3 番 25 号
編 集☎（03）5474–8661（代）　　サイエンスビル

【発売】　　　　　　　　株式会社　**サイエンス社**
〒 151–0051　東京都渋谷区千駄ヶ谷 1 丁目 3 番 25 号
営 業☎（03）5474–8500（代）　振替 00170–7–2387
FAX☎（03）5474–8900

印刷・製本　小宮山印刷工業（株）

≪検印省略≫

ISBN978–4–86481–073–9

PRINTED IN JAPAN